공 간 디 자 인 이 슈

SPATIAL DESIGN ISSUE

공간디자인이슈

SPATIAL DESIGN ISSUE

디 · 스테이션 지음

(주)교문사

머리말

언제부터인가 예술과 디자인 분야에서 '개념'은 매우 중요한 것으로 다루어져 왔다. 예술가 마르셀 뒤샹Marcel Duchamp이 한 전시회에 남자용 소변기를 가져와 샘fountain이라는 제목으로 전시해 예술과 아름다움에 대한 기존의 시각에 충격과 놀라운 반응을 일으켰듯이, 눈에 보이는 것 자체뿐만 아니라 작품의 바탕에 흐르는 개념이나 작품을 통해 사회에 던지는 메시지를 중요시하게 되었다.

어떠한 개념을 가지고 공간을 설계하는가, 또는 완성된 공간이 사회적으로 미치는 의미는 어떠한가를 고려하는 등 오늘날의 공간디자이너들은 미적인 관점뿐만 아니라 공간 개념의 문제를 함께 고려하게 되었다.

공간을 디자인하는 데 있어 바탕이 되거나 설계자가 표현하고 싶은 개념은 자연스럽게 사회의 여러 상황이나 문제들과 관련이 있다. 산업화 이후 현대사회는 여러 문제점들을 산발적으로 드러내고 있는데, 우리나라에서는 생활양식 및 사회의 빠른 변화, 환경오염, 고령화, 그리고 전통의 계승 등 공간과 관련된 많은 문제들이 제기되어 오고 있다. 공간을 다루는 디자이너들도 이러한 문제에 대해 다양하게 인식하고 있으며, 사회 환경적 문제들에 대한 디자인적 해결방안을 창의적으로 모색하고 있다. 이러한 흐름에서 공간디자인을 배우는 학생들에게 있어서도 변화하는 사회환경과 사용자의 다양한 요구 등 디자인과 관련된 여러 이슈에 대한 이해는 꼭 필요하다고 여겨진다.

이 책의 저자인 디·스테이션 모임에서는 인테리어 디자인 전공을 바탕으로 학생들을 지도하면서 디자인의 여러 이슈들에 대해 쉽게 이해하고 접할 수 있는 자료의 필요성을 공감해 왔다.

『공간디자인 이슈』는 이러한 필요성에서 시작하여 현대 공간디자이너들이 꼭 알아야 할 대표적 이슈들을 다루고 있다. 저자인 디·스테이션 모임은 최근 5년간의 공간디자인 관련 연구 목록과 정기 간행물 내용에 대한 다양한 스터디를 통해 공간디자인과 관련된 주요 이슈들을 정리하여 인간을 둘러싼 공간 환경을 크게 자연과 사회, 그리고 기술 분야로 나누어 각 분야별로 주요 이슈들을 선정하였다. 선정된 주요 6가지 이슈는 문화디자인, 공공디자인, 그린디자인, 감성디자인, 유니버설디자인, 디지털디자인이다.

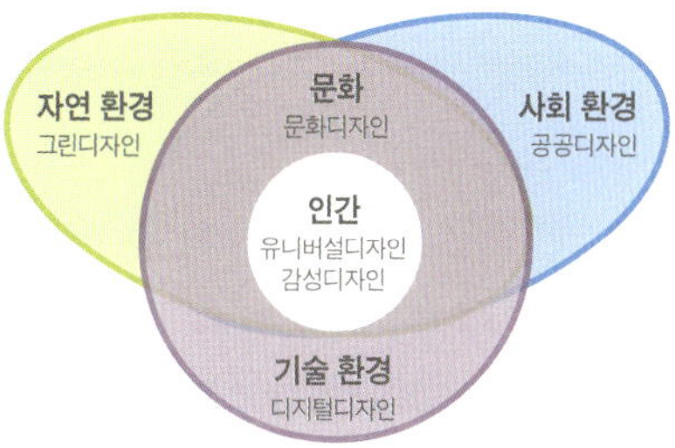

이 책의 구성은 각각의 디자인 이슈별로 나누어 정리되었으며, 각 이슈별로 간략한 개요와 구체적 공간 사례를 함께 보여줌으로써 디자인 이슈가 공간으로 어떻게 현실화되는지 이해하기 쉽도록 도모했다. 다양한 디자인 이슈에 대한 이해를 바탕으로 디자이너와 디자인을 전공하는 많은 학생들에게 디자인 프로젝트 수행 시 아이디어 뱅크로, 또는 힌트로 유용하게 사용되리라 기대하며, 일반 대중에게는 디자이너들이 오늘날 공간을 통해 전달하고자 하는 메시지를 이해할 수 있는 가벼운 산책과도 같은 안내서가 되어 주기를 희망한다.

2013년 8월

저자 디·스테이션

SPATIAL DESIGN ISSUE

차 례

CHAPTER 4 감성디자인

EMOTIONAL DESIGN

CHAPTER 5 유니버설디자인

UNIVERSAL DESIGN

CHAPTER 6 디지털디자인

DIGITAL DESIGN

CULTURAL DESIGN

문화디자인

1. 지역 고유의 정체성 표현하기
2. 과거로부터 전통문화 이어가기
3. 문화로 경제가치 창출하기
4. 문화로 공간을 재생하기

1

디자인에서 문화는 매우 인기 있는 이슈이다. 문화가 디자인에서 본격적인 화제로 떠오른 시점은 새천년을 맞이하면서부터이다. 이미 학자들은 20세기 후반부터 우리가 문화의 폭발시대에 살고 있다고 하였고, 많은 사람들이 21세기를 문화의 세기라고 말하고 있다. 문화는 지금 전 세계적으로 사회 전반에 걸쳐 나타나는 사회적 현상과 깊은 관계가 있으며, 디자인의 주제이자 요소로 활발히 사용되고 있다.

문화란 무엇일까? 일반적으로 문화는 인간의 신념 및 행위를 중심으로 하는 총체적인 가치 및 성과를 뜻한다. 그런데 문화라는 단어에는 이러한 포괄적인 개념 외에도 다양한 측면의 의미가 내포되어 있다. 개개인의 삶을 이해하는 방법에서부터 가장 지적이거나 상업적인 삶의 표현까지 문화가 되기 때문이다.

공간디자인에서 문화는 전통적으로 디자인을 제한하는 조건 또는 배경이 되는 요소였다. 그러나 문화에 대한 중요성이 강조되면서 문화가 공간디자인 계획의 중심으로 이동하는 커다란 변화의 양상을 보이게 된다. 즉, 이전 시대에 비해 문화는 공간디자인의 창조적 잠재력이며 원천을 이루는 적극적인 요소로 활용되면서, 사용자 지향의 관점으로 확대되었다.

"Design Culture Now!"

일상적이기도 하고 예술적이기도 한 것, 그 속에서 펼쳐지는 창의적 표현이 모두 문화가 된다. 또한, 디자인이 만들어 내는 환경과 이미지들이 전부 문화적인 현상이기 때문에 문화를 소홀히 다루어서는 디자인을 성공적으로 수행하기가 불가능하다. 그러므로 이제는 디자인을 할 때 단순히 문화의 특정한 측면을 강조하기보다는, 문화를 디자인하는 적극적이고 능동적인 수준의 관점을 지녀야 한다.

그렇다면, 문화는 실제로 공간에서 어떻게 디자인되고 있을까?

문화는 공간디자인을 통해 여러 의미를 창출하는 힘을 지녔다. 상징적 영역, 경제적 영역, 정치적 영역, 사회적 영역, 교육적 영역, 예술적 영역 등 문화의 다양성만큼이나 공간 속에서 빚어낼 수 있는 의미의 영역 또한 다양하다.

여기에서는 공간디자인이 창출하는 문화적 의미의 여러 영역 중에 상징의 영역 및 정치적·경제적·사회적 영역을 포괄하는 상징성, 전통성, 경제성, 지속성의 관점에서 공간디자인의 문화적 이슈를 설명하고자 한다. 다시 정리하면 문화는 본질적으로 작기도 하고 크기도 하며, 일정한 형태로 규정하기 어려운 부정형의 속성을 갖고 있기 때문에 단순히 몇 가지로 요약해서 소개한다는 것이 쉽지만은 않지만,

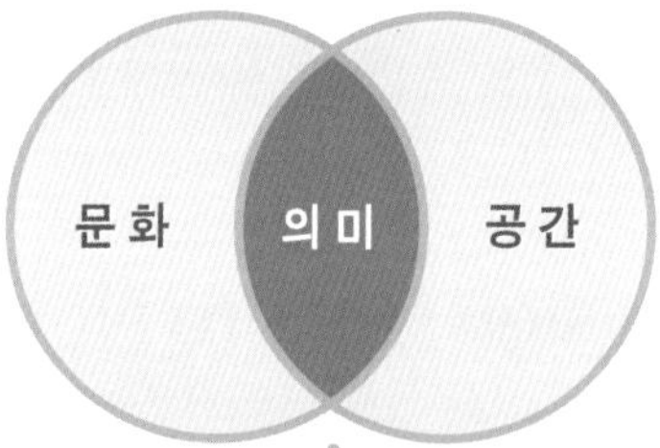

상징성	지역 고유의 정체성 표현하기
전통성	과거로부터 전통문화 이어가기
경제성	문화로 경제가치 창출하기
지속성	문화로 공간을 재생하기

각각의 특성을 다음과 같은 4가지 영역으로 제시하고자 한다.

첫째, '상징성'의 영역으로 함축될 수 있는 '지역 고유의 정체성 표현하기'는 특정 지역이 갖고 있는 고유한 문화적 요소들을 살려 세계화하고 특성화하는 영역이다. 둘째, '전통성'의 범주에 속하는 '과거로부터 전통문화 이어가기'는 우리 문화에 내재된 고유한 전통문화를 계승하고 현대적으로 발전시켜 나아가는 분야이다. 셋째, '경제성'의 영역에 해당되는 '문화로 경제가치 창출하기'는 문화를 고부가가치로 만들어 내는 디자인 요소로 보고 문화도시, 문화거리, 문화시설 등을 통해 문화 활성화를 꾀하는 영역이다. 넷째, '지속성'의 의미로 연결되는 '문화로 공간을 재생하기'는 문화적으로 의미 있는 공간에 지속적인 의미성을 부여하면서 계속해서 사용할 수 있도록 만드는 부분이다.

이상과 같은 4가지 관점에서 문화 디자인의 주요 개념과 내용을 구체적인 공간디자인 사례들을 통해 살펴보자.

CULTURAL DESIGN

1. 지역 고유의 정체성 표현하기

세계의 여러 나라가 이웃 마을처럼 가까워지고 서로 교류가 많아지면서 세계화globalization에 대한 논의가 활발해졌고, 이에 대한 대응으로 특정 그룹이나 나라의 지역화localization 개념이 대두되었다. 세계를 하나의 마을인 지구촌으로 묶어 주는 세계화와 특정 지역의 문화를 강화하거나 보호하려는 의미가 내재된 지역화가 결합되어 만들어진 합성어인 '글로컬라이제이션glocalization'이 현재 이슈이다.

글로컬라이제이션은 문화와 문화 사이의 충돌과 교류를 통해 빚어지는 문화 간의 유사성과 이질성에 대해 생각해 보게 만드는 개념이다. 우리가 사용하는 많은 현대적인 공간은 산업화와 세계화, 소위 국제주의의 흐름에 따라 문화적 차이를 인식하지 못할 정도로 지역과 관계없이 유사하게 디자인되어 있는 경우가 많다. 그렇다면 다른 문화와 구별되는, 특정 지역의 고유한 특성을 표현하는 방법에는 어떤 것들이 있을까?

지역의 정체성이라 할 수 있는 지역 고유의 특성은 해당 지역에 내재된 사회적이고 역사적인 문화의 배경에서 비롯된다. 자연환경과 인문환경이 결합되어 형성되는 지역적 자원이 바로 지역성의 원천이 되기 때문이다. 한편, 한 지역의 문화 정체성인 지역성은 지역문화를 구성하는 환경과 그 속에서 살아가는 인간의 삶이 융합되어 만들어진다. 디자이너가 의도적으로 구축해 낸 것이 아니라 일상적이고 습관적인 방식에 의해 자연스럽게 이루어진 것이기 때문에, 지역성을 표현하기 위해서는 그 지역의 환경과 생활을 면밀히 들여다보아야 한다.

민속이나 풍토와 같이 인간이 삶을 영위하면서 지역문화에 순응하여 어떤 지역의 디자인이 마치 진화하는 것처럼 발전해 온 것을 버네큘러$_{\text{vernacular}}$ 디자인이라고 한다. 버네큘러 디자인은 특정 지역의 주변 자연환경이나 생활양식 등의 고유한 문화에 따라 지역마다 서로 다른 특성으로 나타나게 되고, 장기간에 걸쳐서 지역적 욕구에 따라 수정과 보완을 통해 그 지역의 고유한 형태가 만들어진다.

토속적인 디자인으로 구축된 버네큘러 요소는 디자이너의 내면을 파고들어 새로운 정체성으로 탄생한다. 예를 들어 멕시코는 광대한 스케일의 장엄한 자연이 강한 빛의 대비로 열정적인 경관을 빚어내고, 멕시코에서 성장한 루이스 바라간과 리카르트 레고레타 같은 건축가는 단순하고 절제된 형태와 멕시코 특유의 강렬한 색채를 결합하여 작품을 표현하였다. 북유럽의 경우에는 산림이 풍요롭고 호수와 폭포 같은 수경이 잘 어우러져 핀란드 출신의 알바 알토는 주로 목재를 사용한 소박하면서도 호수와 같은 자연스런 곡선으로 된 작품을 만들었다.

버네큘러 디자인으로 지역성을 표현하는 것 외에도, 현재 그 문화를 살아가는 사람들의 생활을 담는 것도 지역성을 자연스럽게 표현하는 것이 된다. 지역의 역사와 문화를 반영하고 지역주민을 위한 장소라면 문화 정체성과 지역 상징성을 갖는 디자인으로서 의미 있는 가치가 창출될 것이다. 특히, 박물관이나 미술관 같은 문화시설은 해당 지역의 문화적인 표상이 되기 때문에 공간 디자인에 지역적인 고유한 특성을 적극적으로 반영하게 된다.

이슬람 아트 뮤지엄, 도하, 카타르

Museum for The Islam Art

이슬람 아트 뮤지엄은 이슬람 예술과 문화의 우수성을 전 세계에 전파하기 위한 전시, 연구, 교육 복합문화시설로, 아이엠페이$_{\text{I. M. Pei}}$가 건물을 디자인하였고 2008년에 완공되었다. 모스크 돔 형식의 건축적 구조와 성소를 상징하는 분수 및 물의 요소, 정자, 다리 등을 통해 이슬람 문화의 지역적 특성을 표현하였다. 모더니즘 건축가로 잘 알려진 페이의 추상적 형태가 이슬람 문화의 디자인 요소와 접목되어 지역 고유의 아이덴티티를 빛어내었다.

건축구조는 이슬람 전통 모스크의 돔 형식의 요새처럼 쌓아 올린 토속적 건축으로 구축되었고, 조형적으로는 큐비스트의 기하학적인 표현과 세련된 미니멀한 느낌을 현대적으로 표현한 특성을 보인다.

계획의 모체가 되는 아마드 이븐 툴룬 모스크Mosque of Ahmad Ibn Tulun의 세정식洗淨式 분수와 같이 정자와 물의 요소를 도입하여 성소적 의미를 부여하고 지역적인 특색을 강조하였다.

진입 광장은 본 건물에서 분리된 본토에 조성하고, 다리를 건너 뮤지엄 본체와 교육동이 아케이드로 연결되어, 외부 공간에서 건물로 다가가는 여정에서 신전과도 같은 성스러운 느낌을 연출하였다.

뮤지엄의 연속 아치를 통해 카타르의 수도인 도하$_{Doha}$의 스카이라인이 보인다. 시원스레 뿜어내는 분수와 바다가 물의 연속성을 느끼게 한다.

박물관 내부의 중앙 홀 중심에 커다란 규모의 원형 조명을 설치함으로써, 관람 동선을 유도하는 주 계단으로 진입할 때와 주변에 배치된 각 전시실로 이동할 때 교차되는 동선 영역에 중심성을 강조한다.

바다에 접한 베이$_{bay}$ 형식의 카페 위에 설치된 메시$_{mesh}$ 지붕의 모습이다. 지붕이 매우 높게 형성되어서 하늘까지 닿을 듯한 수직의 상승감을 제공한다.

샌안토니오 공공도서관, 샌안토니오, 미국

The San Antonio Public Library

샌안토니오 공공도서관은 미국 텍사스주의 샌안토니오시에 위치하고 1995년에 개관한 건물로, 멕시코 건축가인 리카르도 레고레타Ricardo Legorreta가 디자인하였다. 레고레타는 버네큘러 건축과 오래된 마을 등에서 영감을 얻어 작업하는 것으로 유명하다. 그는 중미의 강렬한 태양, 멕시코의 전통과 문화적인 토양을 디자인의 토대로 하였는데, 멕시코뿐만 아니라 미국 등 다른 나라에서도 지역적 색채를 바탕으로 하는 모던한 조형성과 보편성을 인정받았다. 멕시코 모더니즘을 발현하는 그의 작품이 텍사스의 기후조건과 조화를 이루면서 독특한 지역성을 발현함과 동시에 주변환경과 잘 어울리는 디자인으로 탄생하였다.

샌안토니오 공공도서관 건물은 6층 구조로 되어 있으며 주요 색상은 '엔칠라다 레드echilada red'이다. 엔칠라다는 토르티야tortilla에 고기를 넣고 매운 소스를 뿌린 멕시코 음식이다. 강렬한 색채를 통해 자신의 건축 인상을 표현하는 그의 성향이 잘 나타나는 작품으로서, 건물의 단순한 형태는 절제된 소박함을 보여 준다.

적색과 황색의 강한 색상과 색채의 대비가 멕시고의 성열과 활력을 느끼게 해 준다. 외벽에 적용된 붉은색은 반 외부 공간으로 이이저 붉은 공간들을 형성하고, 노란색은 내부 공간으로 연결되면서 내부 전체에 밝은 분위기를 제공해 준다.

적색과 황색의 강한 색상과 색채의 대비가 멕시고의 성열과 활력을 느끼게 해 준다. 외벽에 적용된 붉은색은 반 외부 공간으로 이이저 붉은 공간들을 형성하고, 노란색은 내부 공간으로 연결되면서 내부 전체에 밝은 분위기를 제공해 준다.

스칸디나비안 디자인, 북유럽
Scandinavian Design

스칸디나비안 디자인은 북유럽으로 대표되는 덴마크, 노르웨이, 스웨덴, 핀란드의 디자인을 지칭한다. 단순하면서도 기능적이고, 장인정신이 깃들어 있으며, 오래 되어도 변하지 않는 감각적인 아름다움이 있는 것으로 알려져 있다. 굴곡이 심한 지형의 조형성으로부터 영향을 받은 부드럽고 우아한 곡선을 적용하고 풍부한 자연 소재를 사용하면서도 전반적으로 미니멀한 특징을 갖는다.

스칸디나비안 디자인은 북유럽의 청명한 하늘과 푸른 숲, 그리고 호수가 발달한 특유한 자연환경을 배경으로 자연의 조형성을 디자인에 적용한 유기적인 모더니즘이라는 평가를 받는다.

스칸디나비안 디자인은 근대 모더니즘으로 출발하여 21세기에 이르러서는 미니멀리즘과 조화를 이루는 가구와 인테리어로 표현되고 있다. 기능주의를 바탕으로 실용성과 조형미를 모두 추구하는 현대인에게 인기 있는 스타일이다.

알바 알토Alvar Aalto는 그의 조국인 핀란드에서 가장 흔한 수종인 자작나무를 성형하는 곡면 합판 기법을 활용하여 인간적이고 유기적인 곡선의 가구를 디자인하였다. 그의 대표적인 작품 중 하나인 파이미오Paimio의자이다.

핀 율Finn Juhl은 덴마크의 건축가이자 인테리어 및 가구디자이너로서 부드럽고 정교한 곡선과 구조를 특징으로 하는 예술적이면서도 기능적인 가구디자인을 실현하여 현대 가구디자인에 많은 영향을 끼쳤다.

왕의 의자라 불리는 핀 율의 치프테인 체어chieftain chair가 놓인 현대의 실내 공간이다. 스칸디나비안 가구는 섬세하고 우아하면서도 심플한 조형미가 있어 미니멀한 현대 공간과 자연스런 조화를 이룬다.

젭슨 아트 센터, 사바나, 미국
Jepson Center for The Arts

젭슨 아트 센터는 18세기 초의 도시계획을 보존하고 있는 미국 조지아주의 역사적인 도시 사바나의 텔페어 스퀘어Telfair Square에 위치한 아트 뮤지엄으로 2006년도에 완공되었다. 이 센터는 역사성을 간직한 지역주민을 위한 커뮤니티 시설로서 사용자의 생활양식을 담아내며 지역의 문화 정체성을 자연스럽게 표출하고 있다. 갤러리, 강당, 사무실, 도서관 등으로 구성된 지역주민을 위한 문화시설로, 텔페어 스퀘어와 함께 열린 공간으로 시민들이 여가시간을 보내는 장소이다.

젭슨 아트 센터는 외관이 현대적이어서 자연적인 주변 경관과 형태적으로는 대비를 이루지만 전체적인 높이와 규모 면에서는 다른 건축 구조물들과 조화를 이루도록 설계되었다.

젭슨 아트 센터의 전면 유리는 사용자와 소통하는 개방의 이미지를 표현하고 있으며, 백색의 외관과 내부 벽은 모두 밝은 석회암으로 마감되었다.

2. 과거로부터 전통문화 이어가기

전통은 한 집단이나 공동체 내에서 형성되어 생명력을 가지고 내려오는 사상, 관습, 행동 등의 양식이나 그것의 핵심을 이루는 정신적 가치체계이며, 세대와 세대를 걸쳐서 가치가 있는 것으로 보존되고 전승되어 온 사회적 유산이다. 문화유산은 지난 시대로부터 계통을 이루며 내려오는 전통적인 문화 요소들이 해당 집단의 고유한 양식이 된 것인데, 전통은 그 시대 사람들에 의한 재평가를 거쳐서 이어지기 때문에 단순히 과거로부터 현재까지 전해져 내려왔다고 해서 모두 문화유산으로 볼 수는 없다.

사전적 정의에 의한 문화적 유산은 다음 세대에 계승 및 상속할 만한 가치를 지닌 문화적 소산이다. 이러한 문화유산이 도시로 인구가 집중되고 도시가 확장되며 산업이 기계화 및 공업화됨에 따라 심각한 위기를 맞고 있다. 이러한 위기로부터 공간과 관련된 문화유산은 주변환경과 함께 맥락적 차원에서 보존되어야 한다. 해당 사례로는 궁궐이나 성곽, 상징물 등이 있고, 도시 전체가 유산으로 보호받는 곳도 있으며, 자연환경에 인공구축물이 합쳐져 지역 전체가 문화유산으로 지정된 경우도 있다.

문화유산을 보존함에 있어서 일반인들이 자발적으로 참여하는 시민운동의 성격을 갖는 유형에는 에코뮤지엄ecomuseum과 내셔널 트러스트National Trust for Places of Historic Interest for Beauty, NT가 있다. 에코

뮤지엄은 있는 그대로의 문화유산을 박물관의 형태를 갖추어 일반인들에게 알리는 개념이고, 내셔널 트러스트는 시민들의 기부를 통해 운영되는 것이다.

특정 지역이 문화유산으로 지정된 경우에는 그 지역이 관광자원으로 개발되고 활용되어 산업적인 측면에서도 가치가 창출되는 경우가 많은데, 전통적으로 장엄한 자연환경과 조화를 이루며 특별한 장관을 연출하기도 한다. 유명 관광도시로 손꼽히는 지역에서는 이러한 고유성을 유지하기 위해 개발에 제한을 둠으로써 전통적인 지역환경 조성의 맥을 이어가고 있다. 마을 전체를 통일된 색채와 형태로 디자인하고 경관을 관리하며 고도를 제한하는 등 엄격한 규제를 통해 세계적인 장소로 자리매김하고자 하는 것이다.

가장 한국적인 것이 가장 세계적이라는 말이 있다. 세계 각국은 각 나라의 고유한 전통문화 특성을 보존하는 한편 전통에 기반을 둔 다양한 콘텐츠를 개발하기 위해 노력하고 있다. 우리나라의 전통주택을 보면 자연의 흐름에 순응하는 배치와 친환경적인 디자인 요소로 된 구조물이라는 것을 쉽게 알 수 있다. 그러나 우리의 생활양식이 현대화되면서 전통적인 한옥에서 생활하기가 불편하다는 단점이 드러나기도 하는데, 이러한 이유로 기능적 단점이 보완된 현대화된 한옥에 많은 관심이 모이고 있다.

문화유산으로 보존해 온 우리나라의 전통주택이 조상의 삶을 담는 역할을 했다면, 현대의 한옥은 현대를 살아가는 우리의 생활에 효과적으로 대응할 수 있어야 한다. 전통적 한옥이 지닌 과학적 특징과 고유한 장점, 즉 바람과 햇빛을 이용하는 배치, 온돌과 마루, 마당, 처마 등의 고유한 요소를 활용하여 한옥을 세계적인 공간디자인으로 발전시켜 소중한 우리의 전통문화를 이어가야 할 것이다.

마추픽추, 쿠스코 지역, 페루

Machu Picchu

마추픽추는 페루의 해발 2,430m에 자리하고 아름다운 절경을 자랑하는 잉카 제국의 유적이다. 남아메리카의 가장 유명한 관광명소인 마추픽추는 '오래된 봉우리'를 뜻한다고 한다. 20세기 초에 미국의 고고학자인 하이럼 빙엄Hiram Bingham이 이곳을 발견하면서 그 존재가 세상에 드러나게 되었다. 1983년에 유네스코 세계문화유산으로 지정되면서 역사보호지구로 보전되고 있다.

마추픽추는 잉카인이 스페인의 공격을 피해 산속에 세운 도시라는 이야기도 있고, 스페인에 복수하기 위해 군사를 훈련하는 비밀도시라는 설도 있으며, 홍수 같은 자연재해를 피하기 위한 고지대의 피난용 도시라는 주장도 있다.

마추픽추의 도시 면적의 절반은 비탈면으로 된 계단식의 밭이다. 그 외에 신전과 궁전, 주거지가 있으며, 성벽이 축조되어 있다. 주위의 높은 봉우리들이 마추픽추를 외부세계와 격리시켜 준다.

마추픽추는 돌을 다듬어 큰 돌 사이에 작은 돌들이 쐐기역할을 하도록 함으로써 석재를 쌓아 올리는 방식으로 구축되었다. 커다란 바위 위에 부드러운 곡선으로 축조된 2층 구조물은 태양의 신전이다. 1층과 2층이 안에서 연결되지 않고 바깥 계단을 이용하도록 설계되었다.

출입구로 사용되는 문은 사다리꼴의 형태로 전교하게 제작되어 있다. 마추픽추는 잉카인의 뛰어난 토목기술을 보여 주는데, 유적 사이로 물이 흐르는 것은, 인공기술로 만든 관개수로가 있기 때문이며 그 기술은 지금 보아도 놀랄 정도의 수준이라고 한다.

산토리니 섬, 그리스
Santorini Island

그리스의 산토리니 섬은 에게해 남쪽 그리스령의 키클라데스제도 남쪽 끝에 있는 섬으로 세계적인 휴양지이다. 법적 규제를 통해 모든 건축물의 외관을 흰색으로 칠하고 문과 창문은 파란색으로 통일하고 있다. 이러한 노력으로 산토리니 섬은 전통적인 고유한 문화적 특성을 지키고 유지해 나아가면서 유명한 여행지로 각광받는 아름다운 지역이라는 명성을 얻게 되었다.

산토리니 섬은 티라Thira 섬이라고도 하며, 그리스 에게해 남부에 위치한 화산 폭발로 만들어진 화산 군도이다. 주로 경사로로 이루어져 있지만 지중해성 기후로 사계절 내내 날씨가 온화하고 파란 바다로 둘러싸여 있어 유럽 최고의 관광지로 손꼽히는 곳이다.

산토리니 섬의 경관은 다른 섬에 비해 아주 다른 인상을 준다. 건물들이 거의 다 흰색으로 되어 있다는 것과, 경사면에 마을이 형성되어 있어 좁은 골목길로 된 언덕과 계단을 곳곳에서 접할 수 있다는 것이 차별화되는 독특한 특징이다. 화산 폭발로 가파른 절벽이 형성되었다고 한다.

산토리니는 이국적인 풍경과 독특한 건축 등으로 수많은 관광객을 끌어들인다. 관광객들이 일출과 일몰을 보러 오는 곳으로도 유명하다. 해질녘이면 흰색 마을이 노을로 온통 붉게 물든다고 한다.

산토리니의 독특한 지역 특성을 유지하기 위해 호텔도 통일된 색채인 흰색으로 되어 있고, 마을 전체와 조화를 이루는 형태로 디자인되어 있다. 가구와 소품에까지 디자인의 통일성을 일관되게 유지한다.

한국의 전통주택, 한옥

한옥은 한국의 전통 건축양식으로 지은 집을 말한다. 난방을 위한 온돌과 냉방을 위한 마루가 결합된 구조를 갖춘 점이 특징이다. 한옥을 현대적으로 적용하는 방법은 전통적인 디자인 어휘에 접근하는 방식에 따라 3가지로 나누어 생각해 볼 수 있다. 첫째, 전통적인 디자인 어휘를 직접적으로 재현하는 방식이다. 둘째, 전통적인 디자인 어휘를 그대로 사용하기보다는 변형시켜서 현대적인 요소와 조화를 이루게 하는 것이다. 셋째, 전통적인 디자인 어휘에서 특정 모티프를 재해석하여 적용하는 방법이다. 이 중 직접적인 재현의 방식은 바람직한 디자인의 방향이 아닌 것으로 밝혀진 바 있다. 성공적인 한옥 디자인을 위해서는 현대인의 요구와 트렌드를 파악하는 한편 전통주택의 디자인 어휘를 깊이 있게 이해한 후에 이를 바탕으로 변형과 재해석의 과정을 거쳐야 할 것이다.

우리나라의 대표적인 전통 건축물인 한옥을 이해하기 위해 한옥의 대표적 디자인 어휘 명칭 - 지붕 맞배/우진각/팔작, 홑처마/겹처마 , 벽체 공포, 기둥, 창, 초석, 기단 토단/석축, 단층/다층 등 - 을 검색해서 한옥의 형태를 눈으로 직접 확인해 보자.

한옥의 바람직한 디자인 방향을 연구한 결과에 의하면, 외관은 한국의 전통적인 특징이 잘 드러나도록 정체성이 회복되어야 하고, 실내 공간은 변화된 현재의 생활양식에 맞도록 기능적인 개선을 이루도록 해야 한다. 내부 공간을 확장하면서 처마선이 없어지기도 하는데, 한옥을 개조할 때에는 한옥 고유의 구조적인 아름다움을 잃지 않도록 주의한다.

한옥의 창과 문은 창호라고 지칭하는데, 창호는 창살로 다양한 문양을 표현하여 매우 공예적인 특성을 지닌다. 부엌에는 부뚜막이 있어 아궁이에 불을 지펴, 그 열기가 고래를 통해 온돌 바닥을 데우도록 되어 있어 효율적인 난방을 하였다. 음식의 발효를 돕는 숨 쉬는 그릇인 옹기가 놓인 장독대는 담과 조화를 이루는 조형물이 된다. 이러한 우리나라 전통의 조형 요소와 구조 및 설비에 대한 특징적인 면모를 찾아내고 이해하는 한편, 이를 실질적으로 활용하는 방안을 모색한다면 전통문화를 이어감과 동시에 한국적이고도 독창적인 디자인을 재창조할 수 있을 것이다.

3. 문화로 경제가치 창출하기

세계의 석학들은 21세기 성장동력이 문화예술에 있다고 강조하고 있으며 실제로 문화산업이 다른 어떤 산업보다 높은 성장률을 보이고 있다고 한다. 이전에는 문화가 상징성을 강조하였다면 이제는 문화의 정체성이 문화산업으로 연계되고 있으며, 생산도 문화 생산으로 전환되어 문화적인 경험이나 자원이 중요한 가치로 인정받고 있다. 근래 세계의 여러 도시는 문화를 활용하여 도시의 다양한 문제를 해결하고 도시의 기능을 활성화하며 친인간적인 환경을 조성하는 노력을 기울이고 있다. 또한, 도시 자체의 문화적 의미를 살려서 효과적으로 도시의 이미지를 구축하는 브랜드화를 실현하고 있다.

덴마크 코펜하겐대학 피터 듀런드Peter Duelund 교수가 처음 제안한 '컬처노믹스culturenomics'에 대해 잠시 살펴보자. 1990년대 초반에는 컬처노믹스가 해당 국가의 문화에 대한 이해가 경제적 부가가치를 창출할 수 있다는 현지화의 개념으로 이해되었다. 1990년대 중반 이후 소득 수준이 향상되고 문화자산이 부가가치를 창출하면서 컬처노믹스가 부상하였고, 2000년대 이후에는 문화와의 창조적 융합을 통한 타산업의 부가가치 창출로 확산되는 현상이 일반화되었다. 넓은 의미에서 문화 마케팅도 이 범주에 속하지만 단순히 문화를 마케팅에 이용하는 것에 그치지 않고 문화 자체의 부가가치를 경제와 접목시킨다는 점에서 차이가 있다. 컬처노믹스는 문화의 상품화와 문화를 통한 창의적 차별화를 강조하는 새로운 도시 발전 논리로도 부각되고 있다.

세계의 주요 도시는 창의적 문화도시로의 전환으로 컬처노믹스 계획을 추진하고 있다. 문화예술의 공간 콘텐츠로 급부상한 도시 및 브랜드화된 도시에는 예술촌이 형성되거나 문화시설이 조성되고 랜드마크가 되는 건축물이 그 지역에 조형성을 부여함으로써 지역을 특성화하는 경향이 있다. 여기에서 매우 중요한 핵심적 역할을 하는 것이 바로 문화 공간이다. 문화 공간에는 공연장이나 전시장 같은 문화시설과 문화지구나 특화거리 등이 있고, 구체적인 형태는 없지만 지역의 특성이 반영된 축제나 이벤트가 포함된다.

문화 브랜딩을 고려하는 디자인을 수행하려면 우선 소재를 발굴해야 한다. 소재가 되는 요소에는 작가 마을을 조성할 수 있는 저명한 문학인과 문학작품, 문학과 관련된 공간과 프로그램이 있을 수 있다. 전통적인 기술과 예술작업, 공예, 보석세공 등의 문화유산도 의미 있는 소재이다. 풍부한 음악적 전통과 음악자료, 음식산업과 전통음식을 통한 음식거리 조성과 음식 관련 페스티벌 및 이벤트, 영화산업의 발생지로 다양한 영화산업과 영화 관련 시설 등도 좋은 소재가 된다. 해당 지역의 문화적 요소에 무엇이 가능하고 좋은 소재가 되는지를 파악한 후에는 지역주민과의 교류뿐만 아니라 지역 자체를 발전시킬 수 있는 콘텐츠를 함께 개발하는 것이 중요하다.

빌바오 구겐하임 미술관, 빌바오, 스페인
Guggenheim Museum Bilbao

빌바오 구겐하임 미술관은 스페인 바스크 지방의 빌바오에 위치한 근현대 미술관으로 프랭크 게리Frank Gehry가 디자인하였다. 미국의 솔로몬 R. 구겐하임 재단에 속하는 여러 뮤지엄 중 하나이며 1997년에 완공되었다. 이 미술관을 건립하기 위해 막대한 건설비용이 투자되었지만 지금의 빌바오 도시가 문화관광도시로 자리매김하게 된 데에는 이 건물의 영향력이 지배적이었다. 이른바 '빌바오 효과'라는 말이 나올 정도로 빌바오 도시가 환경 개선과 이미지 변신을 통해 변환하는 데 이 미술관이 크게 기여한 것이다. 이를 문화제국주의cultural imperialism의 상징으로 보고 비난하는 목소리도 있지만, 물고기가 굽이치는 듯한 공간디자인의 압도적인 조형미를 직접 마주하면 마치 새로운 세계로 들어서는 듯한 신선함에 매료될 것이다.

***문화제국주의**

자문화 중심주의의 발전단계로서, 단순히 자신의 문화를 다른 문화보다 우월하게만 보는 것을 넘어 다른 나라에까지 적용시키는 것을 말한다. 과거에는 경제적 우위에 있는 선진국의 문화가 후진국의 문화에 지배적인 영향을 미쳐 문화 식민지를 확대하는 것을 의미했는데, 요즘에는 문화를 상품으로 판매하기 시작하면서 문화제국주의라는 개념이 다시 부활하게 되었다.

빌바오 구겐하임 미술관은 건축물 자체가 예술이라는 평을 받는 조형미 넘치는 작품이다. 조선과 철강 산업의 쇠퇴 위기에 놓인 빌바오가 도시를 재생하고자 하는 노력을 기울인 끝에 완공을 이룰 수 있었다. 건설된 후 3년 동안 전 세계에서 거의 4백만 명의 관광객이 방문하여 경제활동에 도움을 주었다고 한다.

시드니 오페라 하우스, 시드니, 호주

Sydney Opera House

시드니 오페라 하우스는 호주 뉴사우스웨일스주의 시드니에 있는 문화예술 복합시설이며 1973년에 설립되었다. 가장 유명하고 인상적인 20세기 건축물 가운데 하나로, 덴마크 건축가 이외른 우촌$_{\text{Jørn Utzon}}$이 디자인하였다. 시드니 하버 브리지$_{\text{Sydney Harbour Bridge}}$와 함께 호주의 대표적인 이미지를 형성하는 관광명소이다. 이 작품으로 시드니는 엄청난 경제가치를 획득하였고, 현재는 그것을 유지 관리하기 위한 업그레이드 장기전략 수행 중이다. 안전과 보안 문제를 개선하고 오페라 하우스에 새로운 리프트를 구축하는 등의 작업이 업그레이드의 내용에 포함된다.

시드니는 대표적인 랜드마크가 되는 오페라 하우스를 보유함으로써 관광객이 끊이지 않는 문화예술 도시로서의 이미지를 확고히 하였다. 오페라 하우스와 인근 지역에는 아침부터 밤까지 언제나 사람들로 북적거린다. 공간디자인은 도시 전체의 위상을 높이고 분위기를 정립해줌으로써 도시를 브랜드화하는 데 중요한 요소로 작용한다.

국제 디자인 공모전에서 당선된 작품인 시드니 오페라 하우스의 특이한 지붕 모양은, 덴마크의 건축가 이외른 우촌이 오렌지 껍질을 벗기다가 아이디어를 떠올린 것으로 유명하다. 시드니 오페라 하우스는 시드니의 주요 관광지 중의 하나로 손꼽히며 2007년에 유네스코 세계문화유산으로 선정되었다.

다양한 문화예술 공연이 열리는 시드니 오페라 하우스는 단순히 공연을 위한 시설로만 사용되는 것이 아니라 시민들의 삶의 일부가 되었다.

시드니 오페라 건물의 후면에 위치한 복도 내부 공간이다. 복도의 벽에서 천정으로 연결되는 구조재 및 마감재가 선적 패턴을 만들어 내면서 붉은색의 바닥과 푸른 바다가 어우러져 통로에서도 역동적인 공간감을 경험하게 해 준다.

789예술구, 베이징, 중국

789 Art Zone

중국의 789예술구는 중국 베이징 조양구 다산츠 지역에 위치한 예술 거리이다. 이곳은 원래 구소련과 독일의 기술로 세운 무기공장이었다. 냉전이 끝나고 공장들은 정부에 의해 외부로 옮겨지고, 이 일대에 새로운 전자타운을 조성할 계획이었으나 2002년에 많은 예술가들이 임대 계약을 맺고 이곳에 예술공간을 조성하고 대외 예술행사를 개최하며 주목받기 시작했다. 지역의 역사성과 함께 문화예술의 힘이 결합되어 의미와 특색이 있는 장소가 되었다. 2006년에 789예술구는 정부에 의해 최초 10개 문화창의산업 집중구로 지정되어 베이징의 문화아이콘으로 상징되고 있다.

현재 1백여 개가 넘는 대형 미술관과 갤러리에는 공장의 옛 모습과 현대건물들이 공존하며, 현대미술을 전시하고 있다. 789예술구는 과거에 버려진 공장단지에서 많은 예술가와 관광객들이 찾는 문화예술단지로 탈바꿈함으로써 경제적·문화적 효율을 극대화한 것으로 평가된다.

798예술구는 타임스, 뉴스위크, 포춘지 등에 세계에서 가장 문화적 상징성과 발전가능성이 있는 예술도시로 선정된 지역으로서 매년 국제적인 행사를 개최함으로써 그 영향력을 넓혀 가고 있다. 현재 4백여 개가 넘는 전문 화랑과 갤러리, 독특한 인테리어로 된 수많은 카페와 아트숍들이 가동 중인 소수의 공장들과 함께 공존하며 중국의 현대미술을 세계에 알리고 있다. 이로 인해 하루에 수천 명의 관광객과 세계적인 컬렉터들 및 딜러들이 오가는 국제 미술시장의 메카로 부상하였다.

'너와 나you and me' 라는 제목의 인터랙티브 작품에 두 소녀가 함께 하고 있다. 사진을 촬영하고 싶게 만드는 작품이다.

걷는 사람walking man으로 불리는 스테인리스 스틸로 된 4m 높이의 조각으로 한국 작가 신치현의 작품이다. 픽셀화된 이미지는 금속 조각들을 하나씩 이어 붙여서 만든 것이다.

더 비틀즈 스토리, 리버플, 영국

The Beatles Story

더 비틀즈 스토리는 1960년대 세계적인 팝 그룹 비틀즈로 유명해진 도시인 영국의 리버풀에 위치한 비틀즈 박물관이다. 이 박물관은 리버풀이라는 도시를 문화 브랜딩으로 거듭나게 함으로써 관광객이 인근 지역을 방문할 때 이 도시를 첫 번째로 찾는 관광지가 되게 해 주었다. 더 비틀즈 스토리는 비틀즈의 생애와 시대 및 문화, 그리고 음악세계를 분위기 있는 여정으로 제공하는 스토리텔링방식을 취하는 전시로 구성되어 있다.

비틀즈 박물관의 전시는 비틀즈의 음악, 생활, 시대상 등을 체험할 수 있는 흥미로운 여행으로 구성되어 있다. 입구에서부터 들려오는 비틀즈의 음악이 사람들의 감성을 자극한다.

비틀즈의 멤버인 존 레논을 위한 흰색으로 된 방이다. 손 레논이 사용했던 피아노와 기타가 전시되어 있다. 백색 마감과 여백이 있는 공간감이 명상과 사색의 분위기를 형성한다.

비틀즈 멤버들이 사용하던 악기와 악보, 각종 사진과 앨범들이 전시되어 있다. 이어폰을 끼고 번호를 누르면 사진에 대한 설명과 음악이 제공된다. 특별한 스토리를 제공하는 장소로서 더 비틀즈 스토리는 사람들로 하여금 비틀즈의 성지로 불리는 리버풀을 찾아오게 만드는 내재적 힘이 된다.

NEMS
BRIAN
EPSTEIN

4. 문화로 공간을 재생하기

재생再生은 낡거나 못쓰게 된 물건을 가공하여 다시 사용하는 것을 말한다. 물건이 아닌 공간을 대상으로 재생을 생각해 보면 용도와 의미가 다한 공간을 인공적으로 처리해서 다시 사용할 수 있게 한다는 뜻이 된다. 그러므로 공간을 재생한다는 것은 목적이 다하거나 외부조건에 의해서 공간이 더 이상 사용 가능하지 않을 경우에 다시금 생명을 불어넣어 작동하게 하는 것이다.

문화로 공간을 재생한다는 것은 공간을 되살리는 방법 중에서 문화적으로 의미 있는 요소를 살리는 것이다. 해당 지역의 정체성을 나타낼 수 있는 문화, 과거로부터 이어져 내려온 문화, 그리고 경제적 가치를 창출할 수 있는 문화가 종종 핵심적인 요소로 사용된다. 지역의 문화 정체성과 전통성을 살리고 부가가치를 재창출할 것을 공간 재생의 목표로 삼기 때문이다.

공간디자인에서 재생은 특정 지역에 장소성을 부여하는 내용과 지역 재생, 도시 재생의 개념이 포함되는데, 여기에서는 지역이나 도시의 광범위한 영역에 해당되는 개념이 아닌 건물을 재생하는 것에 초점을 맞추고자 한다. 공간 재생에는 공간 그대로를 재생하는 복원 또는 보존이 있고, 본래의 형태가 어느 정도 유지되면서 재구성되는 보전이 있다.

건물 재생의 유형을 나열하여 보면 원형을 보존하는 재생,

전체적인 외관을 변형하는 재생, 부분적으로 외관을 변형하는 재생, 내부 전체를 변형하는 재생, 내부를 부분적으로 변형하는 재생, 그리고 수직·수평으로 증축한다든지 신축 건물과 연결해서 규모를 확대하는 재생 등으로 정리된다.

문화로 공간을 재생하는 디자인 프로젝트는 사회적, 건축적, 역사적으로 의미 있는 작업이어서 과거에 만들어진 공간이 후에 그 기능을 잃었다 하더라도, 현대에 더 의미 있는 생존방법을 찾아야 한다. 현재 그 가치가 평가절하되고 있는 근대 건축 문화유산은 재생의 적합한 대상이자 예제가 되며, 박물관, 전시관으로의 재생은 실제로 많이 사용되는 방법이다.

공간 재생의 핵심을 이루는 개념은 지속가능성과 경제성, 그리고 문화적 가치 창출이다. 공간 재생은 어떤 공간을 다시 사용할 수 있도록 만드는 것이기 때문에 지속성의 개념이 가장 중요한 중심을 이루게 되고, 신축보다는 건축 비용이 절감되는 경제적인 측면이 있으며, 무엇보다도 문화적인 가치를 지니는 공간으로 변모되어야 한다는 점을 중요하게 고려할 필요가 있다.

구체적인 작업 내용은 주로 지속가능성의 범주에 해당한다. 예를 들면 건물 내에 기계, 유압, 전기 및 통신 서비스를 업그레이드 하는 것, 슬레이트 지붕에 태양전지 패널을 적용하여 전력을 생산하는 것, 에너지 효율성이 높은 조명을 스마트 센서와 함께 설치하는 것, 상대적으로 적은 전력을 사용하도록 설계된 에너지 효율이 좋은 기후제어시스템을 설치하는 것, 물의 유압과 인프라 구축을 새롭게 하여 물의 사용량을 줄이는 것 등이 있을 수 있다. 이러한 기능적 측면 외에도 공간에 과거의 특정한 건축 양식을 대표하는 상징적 조형요소가 있다면 이는 중요한 문화적 요소로 간주하고 보존 및 보선하는 방안을 함께 마련해야 한다.

텍스타일 중앙박물관, 로지, 폴란드

Central Museum of Textiles

텍스타일 중앙박물관은 폴란드 산업 건축의 가장 아름답고 독특한 기념물 중 하나이다. 루트비히 가이어Ludwing Geyer에 의한 수차례의 확장과 재건을 통해 1835년부터 1839년까지 설립된 이 건물은 폴란드 최초로 여러 부서의 공간으로 구획된 공장 건물이다. 19세기에는 텍스타일 공장이었는데 1960년에 텍스타일 역사관으로 건설된 후 1975년에 텍스타일 중앙박물관이 되었다.

일명 '하얀 공장The Whire Factory'인 이 건물은 1955년부터 리노베이션 과정을 거쳐 뮤지엄이 되었다. 2008년에는 야외 박물관을 확장 설립하는 등 지속적으로 디자인의 발전을 거듭하고 있다.

높은 굴뚝이 예전에 공장이었음을 증명하고 있지만, 건물의 기능이 공장에서 박물관으로 변하면서 더 이상 굴뚝의 이미지가 아니라 타워와 같이 건물의 중심을 잡는 형태로 변모하였다.

이 박물관은 현재 현대의 섬유예술을 장려하는 세계 최대의 전통 있는 공모전을 개최함으로써 약 50-55개의 국가에서 120-140명 정도의 예술가가 전시에 참여한다. 이외에도 각종 전시를 유치하여 수십만 명이 방문하는 장소가 되었다.

19세기 전성기 모습을 그대로 간직한 이 박물관에는 텍스타일의 재료와 기법 및 기술에서부터 상품에 이르는 다양한 텍스타일 제조 공정과 관련된 모든 것이 집중되어 있다.

테이트 모던 미술관, 런던, 영국

Tate Modern Gallery

테이트 모던 미술관은 영국 런던에 있는 현대 미술관으로, 제2차 세계대전 후에 전력공급을 위해 건설된 화력발전소였는데, 1981년에 문을 닫고 스위스의 건축회사 헤르초크 앤 드 뫼롱Herzog & de Meuron에 의해 미술관으로 재생되었다. 2000년 5월에 오픈한 이래 4천만 명 이상이 방문한 이 미술관은 영국의 3대 관광명소이자 세계에서 방문객이 가장 많은 모던 갤러리가 되었다. 테이트 모던은 1500년부터 현재에 이르는 영국의 예술작품과 근대 및 현대의 국제적 작품들을 소장하고 있다.

재생의 구체적인 방식은 기존의 외관은 최대한 바꾸지 않고 내부 공간을 미술관에 적합하도록 새로운 구조로 변경하는 것이었다. 99m 높이의 굴뚝에 라이트 빔을 설치하여 야간에는 마치 등대처럼 빛을 발하여 이 굴뚝이 테이트 모던 미술관의 상징이 되었고, 테이트 모던 미술관은 런던의 새로운 관광명소가 되었다.

테이트 모던 미술관의 위엄 있는 외관은 기존 그대로를 유지한 모습이다. 화력발전소에서 미술관으로 재생되면서 지역주민들이 34,000m^2 면적의 부지를 자유롭게 통과할 수 있게 되었다.

공장 기기들로 가득 찬 실내 공간은 철거 후 뮤지엄으로 활용하기 위해 철골 구조방식으로 개조되었다. 공간의 마감과 세부 디자인은 기존 발전소에서 사용되었던 철재와 목재 위주의 재료를 적용함으로써 외부와 내부의 이미지 변화를 최소화하고 상호 간에 조화를 이루도록 하였다.

시드니 타운 홀, 시드니, 호주

Sydney Town Hall

시드니 타운 홀은 호주 시드니의 중심부에 위치한 시청 건물로, 1880년대에 빅토리아양식을 표방하여 사암으로 만들어진 건물이다. 시드니에서는 과거의 기능을 현재까지 그대로 유지하고 있는 유일한 건물로서, 지속가능한 사용을 위해 2030년까지 업그레이드 공사를 추진하는 계획이 진행 중에 있다. 역사적으로 의미 있는 외관의 모습은 그대로 유지하면서 건물의 성능을 최신의 기술력으로 향상시키는 개념으로 재생이 이루어진다.

웅장함을 자랑하는 빅토리아양식의 시드니 타운 홀은 시에서 추진하는 '시드니 2030' 프로젝트로 업그레이드 공사 중에 있다. 공사 때문에 시계탑과 외관의 일부분이 스크린으로 가려져 있다.

공사 가림판 벽면에는 재생 또는 복원restoring의 의미와 목적 및 내용을 설명하는 글과 그림이 안내되어 있고 더 자세히 알아볼 수 있도록 웹사이트 정보가 제시되어 있다.

시드니 타운 홀은 도시의 중심부에 위치한 건물로 퀸 빅토리아 빌딩의 건너편에 위치해 있다. 메인 도로인 조지 스트리트와 시드니 중심 업무 지구를 끼고 대형 영화관, 타운 홀 기차역, 쇼핑 센터들이 주변에 위치하고 있어 만남의 장소로도 애용되고 있으며, 계단과 난간은 항상 사람들로 북적거린다.

재생 작업을 시작하기 전의 시드니 타운 홀 외관이다. 업그레이드가 완료되면 시드니 타운 홀은 지속가능한 디자인 요소를 갖추게 된다. 태양광이 조성되고, 에너지 효율적인 조명들이 스마트 센서와 함께 설치되며, 적은 전력을 사용하도록 특수 설계된 기후제어시스템이 장착되고 물 사용이 절약된다.

공사 작업을 위해 설치된 스크린 위로 디스플레이되는 조명효과가 시간의 흐름을 따라 다양한 색상으로 변화하면서 마치 화려한 쇼처럼 길거리에 펼쳐진다. 이러한 조명 연출 효과는 시드니 도심의 랜드마크가 되는 이 건물이 공사 중에도 초라한 모습으로 노출되지 않고 랜드마크 역할을 지속할 수 있도록 도와준다.

PUBLIC DESIGN

공공디자인

1. 장소의 정체성 지키기
2. 환경을 지키기
3. 공공의 참여를 유발하기
4. 모두를 배려하기

2

디자인이 사적인 소유와 이익추구의 개념에서 확장되어 사회적 목적을 지향할 수 있다는 개념이 공공디자인의 출발이라고 할 수 있다. 이에 공공디자인은 공공$_{\text{대중}}$과 공적 공간에 공공성을 부여하는 노력이라고 할 수 있는데, 공공 공간은 누구나 볼 수 있고 들을 수 있으며 가장 폭넓은 공개성$_{\text{publicity}}$을 지닌 공간, 공공성은 최적의 의사소통상태, 이를 통해 집단을 활성화시키는 것으로 박선미, 신흥경은 해석하기도 하였다.
이러한 공공디자인은 일반 상업디자인과는 추구하는 목적이 다르기 때문에 여러 가지 차이점을 갖는다. 즉, 디자인의 목적은 개인의 이익이 아닌 공공의 요구를 수용하고 디자인의 결과가 주는 혜택을 공공에게 고르게 분배하고자 하는 것이다. 때문에 디자인의 대상이 가로나 공원과 같은 공적인 장소를 배경으로 한다. 그리고 디자인의 주체는 국가나 행정기관이 주를 이룬다.

"Go together!"

공공디자인의 목적을 디자인 대상$_{\text{물리적 환경}}$과 주체$_{\text{사람}}$을 기준으로 분류해서 개념화할 수 있다. 디자인 대상인 물리적 환경을 중심으로 보면, 장소의 정체성을 유지, 환경에 대한 보호와 개선을 들 수 있고, 디자인의 주체인 사람을 중심으로 살펴보면 공공의 직접적인 참여 유발과 사용자에 대한 배려를 디자인 특성으로 들 수 있다. 각 특성들을 최근 사례를 통해 살펴보고자 한다.

디자인 대상 (물리적 환경)	▶	장소의 정체성 지키기, 환경을 지키기
디자인 주체 (사람)	▶	공공의 참여를 유발하기, 모두를 배려하기

1. 장소의 정체성 지키기

해방 이후 우리나라가 근대화에 접어든 지 50년이 지나면서 우리 주변에는 오래된 건물이나 장소가 물리적으로 낡고 허름하다는 이유로 새로운 건물이나 환경으로 바뀌는 것을 보곤 한다. 이러한 과정에서 새롭게 만들어진 환경은 물리적 환경 개선과 동시에 기존의 환경이 가지고 있었던 정서적·심리적 환경을 보전하여 그 장소의 느낌과 기억을 사용자들에게 전달한다. 그 결과 사람들이 어떠한 장소에 대해 비슷한 이미지를 지속적으로 갖게 해 주는 것이 장소의 정체성을 지키는 것이라고 할 수 있다.

이러한 장소에 대해서 에드워드 렐프$_{\text{Edward Relph}}$는 장소는 물리적 환경, 활동, 의미에 의해 그 정체성을 형성한다고 하였다. 물리적 환경 요소는 땅, 바다, 하늘과 같은 자연환경 및 건축물이나 인간이 창조한 환경으로 구성되며, 인간의 여러 가지 활동은 창조적이거나 파괴적이거나 수동적인 것, 또는 공공적이거나 개인적인 것으로 구별될 수 있다. 장소의 의미는 이러한 물리적 환경과 인간의 활동에 뿌리를 내리고 있지만 그러한 것들이 장소의 의미를 가르키는 것은 아니며, 오히려 인간의 의도와 경험을 속성으로 한다. 의미는 변화할 수 있으며 한 대상에서 다른 대상으로 옮겨질 수 있고 복합성, 모호성, 명확성 등 자신의 성질을 가지고 있다. 장소를 이루는 3가지 기본 요소는 다른 요소로 대치될 수 없고 우리의 장소 경험 속에서 분리될 수 없을 정도로 얽혀 있다Edward Relph, 1976.

장소에 대한 많은 연구를 했던 또 다른 학자인 루커만F. Lukermann은 장소 개념을 6가지로 분석하였다. 첫째, 위치 개념, 특히 다른 사물이나 장소들과 관계될 때 위치는 대지의 내적 특성과 다른 위치와의 외적인 연결성을 갖는다. 둘째, 장소는 자연적·문화적 요소들의 통합이라고 할 수 있다. 각 장소는 자신만의 질서, 즉 고유한 앙상블을 이루며 다른 장소와 구분된다. 이것은 분명 모든 장소가 고유한 실체라는 것을 의미한다. 셋째, 모든 장소가 고유하지만, 장소는 공간적 상호작용과 이동의 체계에 의해 상호 연결되어 있다. 즉, 하나의 순환구조는 일부이다. 넷째, 장소는 국지적이다. 즉, 장소는 더 큰 지역의 부분이고 지역분화체계의 초점이 된다. 다섯째, 장소는 끊임없이 생성된다. 역사적이고 문화적인 변화와 함께 새로운 요소가 더해지고 사라지면서 독특한 역사적 구성 요소를 지닌다. 여섯째, 장소는 의미를 가진다. 장소는 인간의 믿음에 따라 규정된다. 인간의 의식 속에 존재하는 장소에서 발생되는 사건들과 인간이 장소에 대해서 갖는 생각들을 이해할 필요가 있다. 즉, 인간 행위의 바탕에는 장소가 있으며 인간 행위는 다시 장소에 특성을 부여하게 된다.

장소의 정체성을 지키는 방법은 물리적으로는 역사적인 유적을 복원하거나 재현하는 것, 또는 기념비적인 조형물 등을 설치하거나 전통적인 구축법을 차용하거나 전통 패턴을 현대적으로 재구성하는 방법들이 있으며, 정서적으로는 역사, 문화, 인지 함양을 위한 프로그램이나 공간 개념을 계획함으로써 역사성을 실천할 수 있으며, 주민 상호 간에 교류가 가능한 근접성, 문화의 단일성, 생활의 통합성 등을 통해 지역성을 실천할 수 있다. 이 같은 방법으로 장소의 이야기가 유지될 때 장소의 정체성이 잘 지켜진 것이라 할 수 있다.

911 기념관, 뉴욕, 미국

911 Memorial Plaza

2001년 9월 11일 뉴욕에 있는 110층짜리 세계무역센터 쌍둥이 빌딩이 무너지는 사건이 발생하였다. 이로 인해 90여 국가의 3천여 명의 사망자가 발생하였으며 미국인뿐만 아니라 전 세계인에게 공포스러운 기억으로 남아 있다. 이 사건이 지니는 기억의 유지와 무고한 희생자들의 추모가 장소를 통해 실현되고 있다.

911 기념관은 옛 세계무역센터 부지에 위치하며, 8ac에 이르는 면적을 차지하고 있다. 2개의 거대한 폭포와 밀도 높은 오크나무 숲이 예전 쌍둥이 빌딩의 내부에 위치한 리플렉팅 풀$_{\text{reflecting pool}}$을 에워싸고 있다. 2개의 거대한 폭포는 과거의 쌍둥이 빌딩을 상징하며, 이러한 디자인 구상은 희망과 갱신의 정신을 전하고 대도시의 일상적인 모습과 소리들로부터 분리된 묵상의 공간을 제공한다.

911 테러가 일어났던 장소에 설치한 두 개의 거대한 폭포는 과거의 쌍둥이 빌딩을 상징하고 있어 이곳을 방문하는 시민들이나 관광객들에게 경건함을 전달한다.

밀도 높은 화이트오크 숲을 형성하여 광장 위로 나뭇잎들이 조밀히 부스럭대는 캐노피를 조성하고 있다. 이 숲은 봄에는 푸르름을, 그리고 여름에는 시원한 그늘을, 가을에는 다채로운 색상들을 발산하여 이곳을 찾는 이들에게 공감각적 감성을 일으킨다. 기념의 숲으로 불리는 이 공간은 집회나 특별 의식을 위한 공간으로 사용한다.

SEAN BOOKER SR
STEVE MORRIS

희생자 한 명 한 명씩 모두의 이름을 음각과 양각으로 조각한 패널을 폭포 주변에 설치하여 희생자들을 추모하고 있다. 시민들은 거의 매일 이 장소를 경험하며 과거의 희생자들을 현재에서 느낄 수 있다.

청계천 광장, 서울, 한국

청계천은 1406년 태종이 정비한 것으로 하천의 둑을 따라 집들이 늘어서 있고 물길 옆으로 사람들이 오고 가는 모습이었다. 일제강점기 이후 하천정비사업 및 복개공사로 지하에 하천을 덮어둔 채 도로의 모습으로 변했다가 1967년에는 청계고가도로가 건설되었다. 그리고 복개된 지 47년 만에 서울시가 시행한 복원사업으로 지하에 갇혀 있던 모습들이 공개되었다. 이처럼 청계천은 오랜 시간 다양한 모습과 역할을 해 오면서 사람들에게도 그만큼 여러 가지 기억들을 만들어 주었다. 복원된 청계천에는 500년이 넘는 청계천의 역사와 그에 따른 시민들의 다양한 기억들을 보존하기 위한 공간과 장치들이 설치되어 있어 시민들의 휴식 공간으로 사용되고 있다.

팔석담_ 남북 전체인 조선팔도의 지역을 상징하며, 8종류의 돌을 조합하여 디자인하였다. 시민들에게는 도심 속의 휴식의 장을 제공해 주고 관광객들에게는 한국의 역사를 알 수 있게 해 준다.

광통교_ 태조 이성계의 비妃이며, 신덕왕후의 묘지석을 거꾸로 쌓아 만든 광통교를 원래 모습인 석재기둥과 보를 그대로 복원하여 역사적 의미를 강하게 전달하고 있다.

광통교의 다리 하부_ 마치 고대 거석문화의 유적과 같은 박력 있는 돌의 조형을 볼 수 있다.

역사 갤러리_광교 하부 공간을 이용하여 청계천의 변화된 모습을 전시하고 있다. 이는 과거 청계천을 경험한 세대에게는 추억을 되살려 주는 역할을 하며, 이후 세대에게는 청계천의 역사와 의미를 배울 수 있는 기회를 제공한다.

존치교각_ 근대화의 상징인 청계고가도로의 교각을 남겨 후세대에 청계천의 고가도로와 하천 복원의 의미를 전하며 청계천 복원의 역사적 의미를 되새기고 있다.

마음의 소리_ 시민들이 직접 그린 타일 벽화를 설치하여 공공 장소에 대한 관심과 애착과 같은 긍정적 정서를 만들어 주고 있다.

무학교 수문_ 큰 비가 내릴 때 하수관으로부터 물을 방류하는 방류구의 문을 한국 전통의 모양으로 디자인하여 역사적 의미를 표현하였다.

광화문 광장, 서울, 한국

2009년 이전의 세종로는 왕복 16차선의 차량이 중심인 도로였으나 서울시에서 세종로 중앙에 너비 34m, 길이 555m의 보행전용 광장인 광화문 광장을 조성함으로써 사람 중심의 광장이 되었다. 광화문 광장은 경복궁의 정문인 광화문에서 세종로사거리와 청계 광장으로 이어진다. 500m가 넘는 광장은 '광화문의 역사를 회복하는 광장', '육조거리의 풍경을 재현하는 광장', '한국의 대표 광장', '시민들이 참여하는 도시문화 광장', '도심 속의 광장', '청계천 연결부'로 나누어 구성되어 한국의 과거와 현재를 보여 주고 있으며 시민들이 적극적으로 체험하고 참여할 수 있는 장을 마련해 주고 있다.

이순신 장군 동상 주변_ 동상 주변과 바닥으로 분수가 설치되어 도시 경관축의 중심 역할을 한다.

광화문 앞 월대 재현_ 광화문 월대와 해태상의 위치를 복원함으로써 장소의 역사성을 회복하였으며, 수문장 교대식을 재현함으로써 월대의 본래 기능을 되살려 주었다.

육조거리_ 1394년 태조 이성계가 경복궁을 건축하였고, 그 정문인 광화문 앞에 만든 대로인 육조거리를 시민 광장으로 재현하여 한국의 전통성을 재현하였다.

*월대

궁궐의 정전과 같은 중요한 건물 앞에 놓이는 대이며, 대개 방형의 넓은 단으로 위에 지붕이나 다른 시설을 하지 않는다.

*육조거리

국가통치기구인 의정부를 비롯해 육조(이조·호조·예조·병조·형조·공조) 등 주요 관청이 길 양쪽으로 들어서 '육조거리'라고 불렸으며 한양의 중심가로였다.

세종대왕 동상 주변에 한글과 해시계, 측우기 등을 전시하여 선조의 지혜를 기억하게 하고 한국의 창의성과 과학적인 문화를 알려 주고 있다.

9.5m의 세종대왕과 이순신장군 동상을 통해 한국문화와 역사를 상징적으로 보여 주고 있다. 두 동상 사이에는 만남의 장소, 문화갤러리 등으로 이루어진 '시민이 참여하는 도시문화 광장'이 있어 이용객의 편의를 높여 준다.

임금 체험_ 세종대왕 복장을 입고 광장을 걸어 볼 수 있는 체험을 통해 역사를 재미있게 전달하고 있다. 한국을 알고 싶어하는 외국 관광객이나 어린이들의 큰 호응을 얻고 있다.

2. 환경을 지키기

이상기후와 대기오염으로 인한 토양과 해양의 질적 악화 등의 환경 문제는 이제는 어느 지역의 문제에 그치지 않고 지구의 곳곳에서 매일 일어나는 일반적 현상이 되었다. 이러한 환경 문제에 대응하는 자세는 음식물 쓰레기를 버리고 물을 아껴 쓰는 개인의 작은 실천에서부터 환경파괴를 막고 개선하는 NGO단체들의 환경운동, 더 나아가 국제적 협력을 추진하고 세계의 환경을 감시하며 과학적 지식을 입수하는 일 등을 하는 국제기구인 UNEP에 이르기까지 다양하게 나타나고 있다.

이러한 친환경, 생태환경을 조성하고자 하는 다양한 움직임들은 우리 주변을 둘러싼 환경 전반에서도 나타나고 있는데, 이를 적극 수용하기 위해서는 공적 요소와 공적 공간에 대해 우선적으로 적용되어야 한다. 왜냐하면 생태성은 사적 공간$_{\text{Privacy space}}$보다 공적 공간$_{\text{public space}}$에서 그 파급효과가 더 크다고 할 수 있기 때문이다. 생태환경은 사적 공간에서도 인간 거주환경에 쾌적성을 제공하지만, 공적 영역에서의 생태성은 더욱 많은 공간 이용자들에게 그 이로움을 제공할 뿐만 아니라 알리는 역할까지 할 수 있기 때문이다. 공공 공간에서 녹지나 친수 공간을 조성하면 그 공간에 머무는 사람에게 생리적·생태적 쾌적함을 제공하여 이용자들이 공간에 대한 편안함과 여유로움을 누리게 할 수 있어 생

*UNEP
환경 1972년 6월 스톡홀름에서 열린 유엔 인간환경회의의 결의에 의한 권고를 바탕으로 같은 해 12월에 제27회 유엔총회가 결의하여 설립한 유엔기구

태환경의 공적 공간에 도입하는 것은 불특정 다수에게 더 많은 효과를 전달할 수 있게 된다.

'생태적 공공성'은 이용자에게 공적 공간에 대한 쾌적한 점유 기회를 제공하여 장소에 머물면서 의미를 부여하게 된다. 즉, 공적 장소에서의 녹지 공간은 도시인에게 유익한 공감각적 여유를 주며, 긍정적으로 작용하여 공적으로는 유익한 '공공성'을 발휘하게 된다.

공공의 생태성을 구현하기 위한 방법으로는 태양열과 같은 자연에너지를 에너지원으로 사용하거나 저비용 고효율의 물질 순환형으로 구조를 재편시키고, 에너지의 사용을 줄이며, 녹지, 천연자원, 물을 활용한 순환과 네트워크화 등을 들 수 있다. 뿐만 아니라 에너지와 소재의 재생, 재활용과 관계된 항목의 유지 관리를 통한 폐기물 재활용, 가구와 조명 등 주변 시설의 적정 크기와 기능, 유지 관리의 용이성, 내구성을 적용한 디자인 등의 방법으로 공공의 생태성을 실현할 수 있다. 생태적 환경을 유지하고 발전시키는 데는 한 사람의 백 걸음보다 백 사람의 한 걸음이 더 중요하고 의미가 있다. 위에서 언급한 물리적 개선 방법과 더불어 정책을 추진하는 기관과 시민들의 환경에 관한 보호의식과 자발적인 참여가 동반될 때 공공의 생태성은 더욱 증진될 수 있다.

생태주거단지, 프라이부르크 보방, 독일
Freiburg Vauban

독일 남서부 프랑스와의 국경 인근에 인구 20만 명이 중소도시인 프라이부르크는 '생태도시', '태양의도시', '독일의 환경수도' 등의 수식어를 갖고 있는 환경지킴이 일등 도시이다. 그 중에서도 프라이부르크 보방 생태주거단지는 태양열을 주 에너지원으로 하고 자연 재료로 건축물을 지으며, 주거지역에 차량통행을 최소화하는 교통시스템을 도입하고 건강한 녹지와 수로를 채택하는 등의 방법을 통해 생태환경의 지속가능성을 실현하고 있다. 보방 생태주거단지가 이런 화려한 수식어를 갖게 된 이유는 비단 물리적인 환경에만 있는 것이 아니다. 개발과정에서부터 주민들의 참여와 협동이 매우 활발하게 전개되었으며 에너지 정책이나 디자인에 이르는 다양한 사안에 대해 주민들이 자발적으로 관심을 가지고 참여하였다. 협동주택건설자, 제노바 주택조합, 그리고 자발적으로 결성된 학생조합 등의 연합과 주민연합인 포럼보방 등 많은 단체들이 삶과 일의 균형과 사회적 집단 간의 균형을 이루는 데 공통된 목표를 두고 마을을 아름답게 만들고 있다.

*트램

도로상 일부에 설치한 레일 위를 운행하는 노면전차

전기를 이용하여 운행하는 트램을 주요 대중교통 수단으로 활용하여 자동차로 인한 대기오염과 화석에너지 사용을 줄이고 있다.

공동주택에 속해 있는 개인 정원은 공통 정원으로 열려 있다. 짧은 이동경로만으로도 자연환경을 쉽게 접할 수 있고 언제나 이웃의 친구들과 마당에서 장난을 하며 또래 커뮤니티를 형성할 수 있다. © 최령

태양주택$_{heliotrope}$은 태양의 움직임에 따라 회전하는 원통형 3층 목조주택으로 에너지를 생산한다. 외벽의 한쪽 전면은 삼중 단열유리로, 절반은 단열성이 높은 벽으로 이루어져 겨울철에는 유리면이 태양을 향하고, 여름에는 단열벽이 태양을 차단하도록 되어 있다. 또한, 바닥, 벽, 옥상 위에 태양광 발전 패널은 태양의 움직임에 맞춰 방향을 바꾼다.

자동차는 물건을 배달하거나 사람을 태우고 내릴 때 주거단지에 진입할 수 있다. 때문에 아이들은 차량에 대한 불안 없이 안전한 보행이 가능하다.

자가용 이용을 억제하기 위해 대중교통과 자전거 이용을 권장한다. 트램이 대중교통의 중심 역할을 하고 있으며, 자전거 전용도로만 160km에 이른다.

베히레bachle 수로는 도심을 흐르는 15km에 이르는 수로시설로서, 더운 여름에는 시민들의 더위를 식혀 주고 도시의 열섬현상을 완화해 주는 역할을 통해 공기 조절에 필요한 에너지를 절약할 수 있게 도와준다.

선유도 공원, 서울, 한국

선유도 공원은 1970년대 중반의 상수도 공급원인 선유수원지가 1999년 정수시설의 기능을 잃으면서 기존의 산업시설(정수시설)을 일부 허물고 재활용하여 만든 도시공원이다. 공원을 새로 만들고 인공의 힘을 가하기보다는 있는 그대로의 아름다움과 시간을 담으려는 시도에서 재활용의 의미를 찾을 수 있다. 지형에 따라 길과 광장과 건물이 연결되고, 섬 주변을 둘러싼 서울의 산과 물은 풍경과 조화를 이룬다. 공원은 생태복원을 시도한 선유도를 둘러싼 옹벽 하부의 둔치와 놀이와 휴식, 문화의 공간인 옹벽 둘레의 언덕 부분, 환경과 생태를 주제로 한 정원, 공원의 환경과 생태교육의 기능을 지원하는 정보, 전시, 관리의 공간 등으로 이루어져 있다.

도시 공원을 조성하는 데 있어서 기존의 시설을 유지하며 재활용함으로써 공원을 사용하는 시민들에게 재활용에 대한 확장된 개념과 생태적 교육을 제공하며 도시 공간의 자연 회복에 대한 새로운 대안을 제시한다고 할 수 있다.

도심에서 선유도 공원으로 진입할 수 있는 선유교 진입로를 통해 공간의 전이를 유도한다.

수질정화원_ 기존 침전지 구조물을 이용하여 개조한 여러 개의 계단식 수조로 이루어져 있다. 각 수조에 있는 수생식물들의 뿌리로 물을 오염시키는 주요 원인물질인 유기물과 질소, 인 등을 통해 흡수 흡착함으로써 물을 깨끗이 한다.

시간의 정원_ 주제 정원 중 정수장의 구조물을 가장 온전하게 살려 재활용한 공간이다. 숲과 계곡, 풀밭 등 여러 식생환경과 그곳에서 각자 알맞은 자리를 잡고, 교목, 관목, 초화류의 순으로 층위구조를 이루며 자라나는 다양한 식물을 볼 수 있다.

환경교실_ 공원의 초입에 설치된 선유도 공원 환경교실에서는 미생물관, 흙과 물, 나무 이야기 등 생태프로그램을 운영하여 지속적인 방문을 유도한다.

녹색기둥의 정원_ 옛 정수지의 윗부분을 덮고 있던 구조를 철거한 기둥 틀에 만들어진 휴식과 사색의 공간이다. 기둥의 끝 부분에 붙어 남아 있는 상부 덮개의 흔적은 이곳의 지난 모습을 상상할 수 있게 한다.

환경놀이마당_ 농축조와 조정조를 재활용한 휴식과 놀이의 문화 공간으로 환경놀이터, 환경교실, 원형극장, 화장실로 재활용하고 있다.

선유도 이야기_ 기존의 펌프와 배관을 일부 남겨 과거의 흔적을 전시하고 있으며, 1층은 멀티미디어 갤러리 및 휴식 공간과 지하에는 한강의 역사와 문화를 알리는 공간, 2층은 소프트 서울을 전시하고 있다.

서울시청 신청사, 서울, 한국

2008년에 공사를 시작해 2012년 8월에 공사를 마친 신청사는 기존의 지상5층 규모의 구시청사 바로 뒤편에 지상 13층 높이로 배치되어 있다. 서울시청 신청사는 전체 사무실에서 사용하는 에너지의 25%를 자체 태양발전을 통해 생산해 내며, 전체 난방의 45%를 지열을 이용하여 사용하고 건물 전면 남측 유리벽 내부에는 또 하나의 벽을 설치하는 이중외피시스템double skin system을 도입해 외부 공기가 바로 내부에 영향을 미치지 않도록 하여 에너지 사용을 줄였다. 이 외에도 신재생 에너지를 적극 사용할 뿐만 아니라 1층에는 녹색 수직정원인 에코플라자를 조성하여 실내 공기정화 및 적정온도 유지를 유도하였다. 그러나 한여름의 녹색플라자는 온실효과로 인해 오히려 실내 온도를 높혔다는 비판을 받기도 하였다. 그럼에도 불구하고 공공청사에 자연에너지 활용과 에너지 절감기법 등의 적극 도입과 이를 과감하게 공개함으로써 건물을 이용하는 시민들의 환경의식을 높이는데 도움을 준다.

1926년에 지어진 서울시청사를 전면에 두고 증축된 서울시청 신청사는 건물 전면을 이중유리벽을 사용하여 에너지 효율을 높이고 있다.

수직정원은 산소와 음이온 배출로 실내의 공기를 정화하고, 실내 유해물질 및 미세먼지를 제거하는 효과를 기대할 수 있다. 또한, 스킨답서스를 이용해 산호수 등 약 14종의 6만 5천 본 식물을 촘촘히 심어 녹색벽을 이루고 있다.

전면 유리벽 내부에 이중외피시스템을 적용해 3장의 유리 중 1장의 유리를 단열 및 태양의 적외선이 실내로 들어오는 것을 최소화하는 고성능의 특수코팅 유리트리플 로이를 사용했고, 중간 공기층에는 아르곤 가스를 주입하여 온도 차로 발생하는 열 교환현상을 막아 단열효과를 높였다.

지름 10cm에 길이가 2m 정도 되는 튜브형식의 집열 판이 600m² 의 면적에 2,400개 정도 설치되어 있다. 옥상에 설치된 태양열 집열판에 물을 보내면 태양열로 물이 데워지며 이를 난방에 사용한다.

3. 공공의 참여를 유발하기

인간은 태어나면서부터 가족이라는 울타리를 부여받기 때문에 사회적 관계 속에서 성장하고 점차로 그 영역을 확대하게 된다. 이러한 인간의 기본적 욕구인 사회성을 확인하고 성장시키고자 하는 의지는 기원전 고대문명에서부터 찾아볼 수 있다. '모이다'라는 뜻의 어원인 아고라$_{agora}$는 고대 그리스 도시에서 시민들이 모여 다양한 활동을 하는 집회장으로 쓰인 야외 공간이자 고대 그리스 도시국가의 중심 광장이었다. 호메로스의 작품에 처음 나오는 이 이름은 물리적 장소뿐만 아니라 사람들의 모임 자체도 의미하고 있다. 즉, 일상적인 종교활동, 정치행사, 재판, 사교, 상업활동 등을 모두 아고라라고 불렀다.

아고라와 같은 장소, 즉 사람들이 모이고 관계를 맺는 공간이 고대에서부터 존재하였으며 도시의 중심 역할을 했다는 것은 공공 공간의 역할을 상징적으로 말해 준다고 볼 수 있다. 공공디자인에서 공공 공간은 다른 사람들과 교류하고 도시의 삶에 참여하는 커뮤니케이션 역할을 해야 한다는 것이다. 여기에서 참여는 사람들이 서로를 관찰하고 이야기하며 스스로 공간의 사용자가 됨으로써 도시의 삶을 이루는 일부분이 되는 것이다. 사람들을 참여시키는 역할은 주로 공원이나 광장, 극장, 카페 같은 장소가 되기도 하지만 최근에는 마을이나 단지 단위로 그 범위가 확대되어 가고 있다. 서울의 성미산 마을은 각박한 도시생활에서 느낄 수 있는 소외감과 어려움을 나누기 위해 모인 몇몇 사람들의 모임이 서로 협동하여 자생하는 마을을 이룬 사례이며, 부산의 감천동 마을은 빠른 산업화와 재개발 등으로 인해 급속하게 쇠퇴해 가는 마을을 살리기 위한 지역 주민들과 예술가들의 예술활동으로 문화마을로 거듭난 사례이다. 뿐만 아니라 최근 서울시에서는 이러한 움직임들을 장려하기 위한 주민참여프로그램지원사업 등을 펼치면서 주민들의 직접적인 참여를 유도하고 지원하고 있다.

이렇듯 공공디자인은 대중들이 공공 활동에 참여하는 행위를 지원하는 프로그램을 제공하거나 참여의 행위가 일어날 수 있는 물리적 환경을 만들어줌으로써 그 역할을 할 수 있다. 즉, 공연이나 예술활동, 축제, 벼룩시장 등의 프로그램을 통하여 주민들의 참여를 유발하고, 주민 커뮤니티의 디자인 참여를 독려하는 디자인 샤레트 워크숍을 개최하거나 주민들이 이웃에 대해 느끼는 동질감, 소속감 등을 고취시킬 수 있는 협동조합이나 공동육아와 같은 프로그램을 제공함으로써 그 역할을 수행한다. 또한, 광장이나 극장, 카페 같은 물리적·형태적 환경 구조물을 통해 이용자의 움직임과 경험방식을 유도하거나 주민들의 접촉을 유도하고 관계를 맺는 공간이나 시설을 제공하여 공공의 참여를 유발할 수 있다.

워싱턴 광장, 뉴욕, 미국

Washington Square

미국 뉴욕시 그리니치 빌리지Greenwich Village에 위치한 워싱턴 광장은 습지, 묘지, 퍼레이드 장, 아방가르드 예술가 밀집 장소, 체스 게임장, 어린이를 위한 놀이터 등 다양한 시설을 제공하고 있어 뉴욕 1천 7백 개 공원 중 가장 잘 알려진 시민 공원이다. 2007년부터 2009년까지의 재건프로젝트를 마치고 현재 지역사회를 위한 다양한 역할을 제공하고 있다. 공원 내부에 있는 분수와 워싱턴 스퀘어 아치Washington Square Arch를 중심으로 자유로운 예술활동, 야간시장, 보드게임 등이 이루어지면서 시민들이 자연스럽게 광장에 모이고 교류할 수 있는 환경이 조성되었다.

워싱턴 광장 내부에 위치한 워싱턴 스퀘어 아치는 공원을 상징하는 역할과 함께 사람들에게 만남과 교류의 장을 제공한다.

워싱턴 스퀘어 아치

휴식 벤치와 함께 보드게임을 제공하여 시민들이 즐거운 시간을 보낼 수 있게 지원해 주며 다양한 체류 형태를 유도하고 있다.

예술가들이 모이는 장소를 제공함으로써 다양하고 자유로운 예술활동을 유도하며, 시민들에게는 예술공연을 체험할 수 있는 기회를 제공한다.

계단식으로 디자인된 원형분수는 둘러앉아 분수를 감상할 수 있는 체험을 제공하며 공간에 상징성을 부여하여 만남의 장소 등으로 활용될 수 있게 하였다.

야간시장, 모임 등 다양한 활동프로그램과 그에 적합한 공간 및 시설물을 형성하여 시민들의 적극적인 참여를 유도하고 있다.

성미산 마을, 서울, 한국

성미산 마을은 서울시 마포구 서부지역인 성산동, 서교동, 망원동, 연남동 일대의 반경 1km내의 지역에 생활문화를 바탕으로 약 1천여 명의 주민들이 커뮤니티를 이루어 거주하고 있는 마을로서 도시에서 공동체적 관계망을 만든 몇 안 되는 사례이다. 1994년 생활협동조합을 중심으로 한 관계망이 씨앗이 되어 공동육아와 대안학교가 만들어졌으며, 현재는 단체, 가게 모임을 포함하여 약 40-50개의 독립적인 커뮤니티를 통해 공동육아를 비롯하여 성미산 학교에서는 초·중·고 12년제 교육을 실시하고 있고, 매년 마을 축제와 연극, 밴드 등의 문화활동, 협동조합이나 되살림 가게와 같은 경제활동, 다른 마을 지원하기, 성미산 지키기, '돌봄두레'를 통한 노인이나 조손가정의 아이들의 건강을 돌보는 복지활동을 주민들 스스로 시행하며 마을을 지속시키고 있다. 외부의 정책에서 비롯된 주민 커뮤니티가 아니고 주민들 스스로 작은 실천이 마을을 성장시키고 활기를 불어넣은 좋은 사례이다.

서울시 마포구 성산동, 서교동, 망원동, 연남동 일대의 성미산 마을

ⓒ 성미산 마을

작은나무 카페_ 동네의 초입에 위치하고 있어 외부에서 오는 사람들의 안내자 역할도 하고, 마을 공동체의 음악회, 전시회, 이벤트 등의 행사가 이루어지는 문화 공간이자 카페로서 주민들의 사랑방 역할을 한다.

성미산 학교_ 지하 1층에서 지상 4층으로 이루어진 성미산 학교는 가운데 중정을 중심으로 건물은 'ㄷ'자형 배치를 하고 있어, 운동장의 역할을 대신하고 있다. 중정은 모든 건물에서 다 보이도록 되어 있으며, 이 곳에서 아이들은 자유롭게 체육활동을 한다.

성미산 학교_ 운동장 옆에는 모래밭이 있어서 아이들에게 흙을 장남감 삼아 즐길 수 있도록 유도하고 있다. 아이들이 놀고 있는 곳 옆으로는 마을 주민들이 자유롭게 토론할 수 있는 공간이 마련되어 있다.

성미산 마을극장_ 시민단체 나루에서 지원하여 공간을 사용하고 있으며, 주거권 내의 복합문화예술 공간으로 주민들의 문화활동을 지원하고 있다.

소행주소통이 있어 행복한 주택_ 성미산 마을 공동체 일부 주민들이 직접 지은 공동 주택이다. 공용 공간을 활용하고 커뮤니티 공간을 조성하여 내 집은 작더라도 이용하는 공간은 넓은, 작은 평수로도 풍요로운 삶을 창출하는 소규모 공동 주택의 모델이라고 할 수 있다. 디자인부터 시공, 마무리까지 모든 단계의 의사결정에 입주자가 참여하여 주변과 어울리는 건물로 디자인하고 이웃과 공유할 수 있는 공간 – 현관, 물품보관소, 모래놀이터가 있는 커뮤니티실, 옥상정원 등 – 을 최대한 많이 마련하였다.

감천동 문화마을, 부산, 한국

부산 사하구 감천고개에 위치한 감천동 문화마을은 한국전쟁이 끝난 1950년대에 태극도 교인 수천 명이 피난 와서 정착한 이후 마을로 형성된 집단거주지이다. 이곳에서 진행되고 있는 문화마을 프로젝트는 마을의 역사와 기억을 보존하면서 지역의 정체성을 부각시키기 위해 마을 주민과 예술단체, 정부기관이 힘을 모아 진행하고 있는 공공미술 프로젝트이다. 문화체육관광부에서 지원하고 지역예술단체와 주민, 어린이들이 직접 나서서 조형물 설치나 벽화 그리기, 빈집을 이용한 예술체험 공간 만들기, 골목길 꾸미기 등의 작업에 참여하여 마을에 활기를 불어넣고 위기의 동네를 되살렸다. 주민들이 마을 꾸미기에 동참하면서 마을이 깨끗하고 아름다워지는 물리적인 개선뿐만 아니라 지역단체와 주민들 간, 그리고 주민들 상호 간에 교류가 활발하여 정서적으로도 긍정적인 환경을 갖추어 가고 있다.

오래된 건물에 다양한 색채를 입혀 마을 전체를 예술작품으로 변화시킨 감천동 문화마을의 전경. 이러한 변화는 주민들의 직접적인 실천으로 가능했다.

마을 곳곳에 10개의 미술작품이 설치되어 있으며 이 중 4개의 작품 제작에 주민과 초등학교 어린이들이 참여하였다. 주민들이 직접 제작한 작품을 감상하면서 마을에 대한 애착을 높일 수 있다.

마을의 빈집을 이용하여 사진 전시, 북카페 등 예술체험 공간으로 활용하고 있다. 빈집 개조활동에도 지역 예술가와 주민이 직접 참여하였다.

예술가들의 도움을 받아 지역주민들이 직접 작품을 제작하였다. 특히, 골목길 곳곳에서 찾아볼 수 있는 화살표 안내 표지판은 모두 주민들이 직접 만든 것으로, 마을의 새로운 정체성을 제공한다.

4. 모두를 배려하기

앞 장에서 언급하였듯이 공공디자인은 경제적 목적보다는 사회적 목적에 가치를 두어야 하며, 특정 사람을 위한 것이 아닌 대중을 위한 디자인을 지향해야 한다. 그러므로 모든 구성원들에게 사사로움이나 치우침이 없이 공평한 역할을 해야 한다. 즉, 성별, 연령, 국적, 문화적 배경, 능력의 정도에 관계없이 모두가 비슷한 노력으로 비슷한 성취를 얻고 비슷한 기분으로 사용할 수 있도록 배려해야 한다.

공공디자인에서 모두를 배려하기 위한 노력은 최근에 도시나 행정자치구 차원에서도 활발하게 일어나고 있다. 서울시에서는 우선적으로 복지시설에 대한 유니버설디자인 가이드라인을 개발하여 기존에 낡은 시설을 개보수하거나 신축하는 시설에 적용하도록 하고 있으며, 경기도에서는 유니버설디자인 가이드라인을 제시하여 가로나 공원, 건축물, 도시기반시설물, 가로시설물, 공공정보매체 등의 공공시설물들이 모두를 위한 디자인이 될 수 있도록 지원하고 있다. 일본의 시즈오카현에서는 '2010 시즈오카 유니버설디자인'을 제시하여 주민은 물론 관광객도 쾌적한 도시를 체험할 수 있도록 노력하고 있다. 그 결과 도시는 더 이상 임산부나 노약자, 장애인, 어린이와 같은 사회적 소수자, 사회적 약자들이 나서기를 두려워하는 장소가 아니라 누구나 당당하게 다닐 수 있는 장소가 되었다. 안전하고 편안하게 보행할 수 있도록 거리에는 단차가 사라지고, 시각장애인을 위한 보도블록이 늘어나고, 평탄하고 미끄러지지 않는 마감재를 사용한다. 친환경 이동수단인 자전거의 이용이 늘어나면서 자전거를 위한 전용도로와 주차장을 확보하고 이러한 시설이 기존의 공공시설과 상충되지 않도록 배려한다. 공공장소의 화장실에 설치된 기존의 '장애인 화장실'은 '가족형 다목적 화장실'로 그 개념이 확장되어 기저귀를 갈아야 하는 아이 엄마나 거동이 불편한 노약자, 커다란 짐을 가지고 있는 사람들도 사용할 수 있도록 공간은 넓어지고, 기저귀 갈이대, 어린이용 소형변기, 샤워기 등을 설치하여 다양한 기능을 소화할 수 있도록 한다. 여행자들이 낯선 도시에서 목적지를 쉽게 찾을 수 있도록 안내표지판이나 안내책자에 여러 외국어를 표기하고 도시의 주요 명소에는 외국인을 위한 안내센터와 통역원을 배치하여 도시에 살고 있는 도시민뿐만 아니라 여행자까지도 배려한다. 가로에 설치된 벤치나 화단, 신호등, 볼라드, 가로등 같은 스트리트 퍼니처는 안전한 디자인과 마감재를 사용하여 사용자가 누구이건 상관없이 안전하게 이용할 수 있게 한다. 공공디자인에서 모두를 배려하는 노력은 위와 같이 대중들이 필요로 했던 것들을 충족시켜 주는 차원에서도 이루어지지만 대중들이 기대하지 못한 것을 새롭게 창조하여 긴장된 도시생활에 여유와 활기를 줄 수도 있을 것이다. 더 넓은 차원의 모두를 배려하는 디자인에 대해서는 앞으로 더 많은 연구가 필요하다고 생각한다.

인류의 역사는 더 나은 세상을 위해 크고 작은 노력을 지속적으로 행하면서 진보하고 있으며 사회적 소수이자 약자를 위한 이러한 배려도 그 중요한 진보라고 할 수 있을 것이다. 모든 사람들이 불편 없이 살아갈 수 있다면 그 세상은 인간이 만든 세상에서 가장 좋은 세상이라고 할 수 있을 것이다. 이렇듯 공공디자인에서의 '사람에 대한 배려'는 디자인과 인류의 궁극적인 목적에 가까운 이상향이라고 할 수 있다.

시즈오카현, 도쿄, 일본
Shizuoka

도쿄 시즈오카현은 주민은 물론 관광객도 쾌적하게 느끼는 '쾌적 공간 시즈오카'를 실현하기 위해 유니버설디자인을 행정의 기본 이념으로 삼고, 이를 효율적으로 실천하기 위한 행동계획인 '시즈오카 유니버설디자인 2010'을 제시하였다.
'시즈오카 유니버설디자인 2010'을 통해 '유니버설디자인 개념 보급', '모든 사람이 살기 좋은 도시환경 조성', '모든 사람이 사용하기 쉬운 물건 제조', '모든 사람을 배려한 서비스, 정보 제공', '자립과 공생의 사회 형성' 등의 계획과 실천방향을 보여 주고 있다.

시즈오카현 하마마츠시 아쿠토 거리는 넓은 도로를 공원화하여 걷고 싶은 거리로 조성하였으며, 계단, 엘리베이터, 에스컬레이터 등의 다양한 이동방법을 제시하고 있다. ⓒ 최령

단의 높낮이 차가 없는 보도와 도로는 일반인뿐만 아니라 휠체어와 자전거 이용자가 불편 없이 횡단보도를 이용할 수 있도록 지원한다. ⓒ 최령

시즈오카현은 자전거 이용이 편리하기 때문에 시민들의 자전거 이용은 매우 활발하다. ⓒ 최령

시즈오카 공항의 광장은 시각장애인을 위한 유도블록과 단차가 없어 모두의 접근이 용이하다. 또한, 선명한 점자블록은 시각장애인뿐만 아니라 일반인에게도 정확한 동선을 안내한다. ⓒ 최령

아쿠토시티의 하늘정원으로 가는 길은 계단과 함께 경사로가 계획되어 있다. ⓒ 최령

시즈오카현 도심은 일반인이 사용하는 계단과 휠체어나 유모차를 사용하는 사람의 동선을 구분하지 않고 차별 없는 공평한 동선을 제공하고 있다. ⓒ 최령

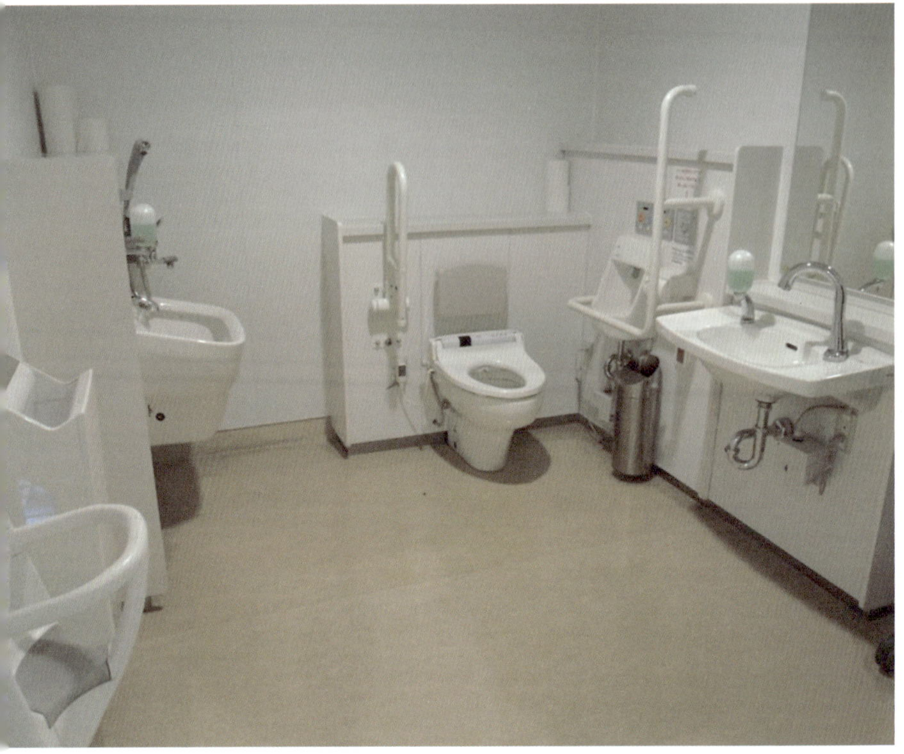

시즈오카 공항 화장실은 휠체어나 유모차 사용자도 편리하게 이용할 수 있는 충분한 공간이 확보되어 있으며 위생도기 주변에 안전을 위한 손잡이와 샤워수전을 설치하여 여러 가지 상황을 대처할 수 있도록 배려하였다. 어린이를 안전하게 앉힐 수 있는 의자를 설치하여 어린이의 안전과 보호자의 편의를 동시에 고려하였다. 알아보기 쉬운 글씨와 색, 그림 표시 등으로 화장실의 위치를 정확하게 전달하고 있다. ⓒ 최령

사용자를 배려한 스트리트 퍼니처
Street Furniture

도로, 광장, 공원, 공공건축물, 가로 등 다양한 공공시설 중에서도 가로는 특정한 목적 없이도 누구나 이용하는 매우 공개되어 있는 장소이다. 가로에는 신호등과 볼라드, 보도블록, 벤치 같이 안전하고 편안한 보행을 지원하는 시설과 소화전, 맨홀 등과 같이 도시 인프라 형성에 필요한 시설물, 도로나 건물을 안내하는 간판이나 표지판, 교통수단의 이용을 돕는 정류장, 쾌적한 생활을 지원하는 공중화장실과 휴지통 등 다양한 시설물들로 가득 차 있는데, 이를 스트리트 퍼니처라고 한다. 스트리트 퍼니처는 특정 소수가 아닌 다수의 사용을 고려하여 공공의 장소에서 발생할 수 있는 사고의 위험 요소를 최소화시키도록 구조적으로 안전하게 디자인되어야 하며, 공공환경에서의 정보를 합리적이고 신속하게 전달할 수 있어야 한다. 이러한 합리적인 기능뿐만 아니라 심미적이고 유머러스한 디자인을 통해 도시의 거리를 지나는 현대인들에게 웃음과 편안함을 전달하는 것도 스트리트 퍼니처의 역할이라고 할 수 있다.

보도블록, 벤치, 가로등, 화단, 간판과 같은 다양한 시설물로 가득한 도시의 가로

서울역 앞 버스 쉘터_ 넓은 지붕으로 강한 햇빛이나 비 또는 눈으로부터 피할 수 있도록 설치되어 있으며, LED 화면을 통해 뉴스, 날씨, 버스 운행 등의 실시간 정보를 확인할 수 있다.

서울특별시청 자전거 보관소_ 자전거 바퀴 크기에 상관없이 주차가 가능하도록 바퀴 넣는 공간을 길게 확보하였으며, 보관대를 지그재그형으로 배치함으로써 사용자가 잠금장치를 잠글 수 있는 공간을 더 넓게 제공하였다.

시즈오카현 하마마츠시 도심 벤치_ 쉬고 싶을 때 앉기 쉬운 유니버설 벤치이다. ⓒ 최령

시즈오카현 하마마츠시 도심 벤치_ 수목이 둘러싸이도록 벤치를 배치하여 앉아서 쉬면서 함께 녹색환경을 즐길 수 있게 배려하였으며, 한 명이 앉거나 두세 명이 앉을 수 있게 손잡이 간격을 다양하게 배치하였다. ⓒ 최령

호주 시드니 워터프런트 벤치_ 부드러운 곡선의 높이가 다양한 벤치는 어린이부터 성인까지 사용자의 신체 사이즈에 맞게 이용할 수 있다. 물가에 배치된 벤치에 지붕을 설치하여 주민들의 휴식 및 소통의 공간으로 활용할 수 있도록 하였다. 높이가 다양한 벤치는 사용자의 상황이나 요구에 따라 테이블로 사용할 수도 있고, 걸터 앉는 목적으로도 사용할 수 있다. 콘크리트와 접목된 우드 벤치는 재료의 단단함으로 사용자에게 심적 안정감을 주며 등받이의 유무에 따라 앉는 목적을 다양하게 할 수 있다.

GREEN DESIGN

그린디자인

1. 자연을 더하기
2. 에너지를 고려하는 디자인하기
3. 지속가능하게 하기
4. 공간으로 힐링하기
5. 자연의 모습 따라 하기

3

오랜 인류의 역사를 들여다보면 자연은 인간이 극복해야 할 과제로 다가오기도 하고, 인간이 지배하는 대상으로 인식되어 오기도 하였다. 일린Il'in, 1991은 인류의 역사를 진화론적 입장에서 설명하였는데, 다른 동물들이 자연에 순응하는 동안 인간은 자연을 이용하는 방법을 깨달았다고 한다. 원시시대의 간단한 도구 이용에서 시작하여 첨단과학에 이르기까지 인류는 기술과 생산력을 발전시켰고, 인간의 삶을 담는 공간을 디자인함에 있어서도 구조와 형태에 많은 변화를 시도하여, 자연과 괴리된 기계적인 공간형태를 선보이기도 하였다.

그러나 이러한 발전과 더불어 자원의 남용과 환경 파괴, 인간 삶의 황폐화 등 심각한 문제들이 드러나면서 인간은 다시 자연에 주목하고 있다. 새로운 것을 만들어 인간이 더욱 편리하게 살 수 있게 하는 것이 미덕인 시대를 넘어 이제는 우리가 가진 것, 그 중에서도 우리를 둘러싼 환경의 보존과 공존에 대한 문제에 관심의 눈을 돌리게 되었다. 자연에 대한 이러한 관심과 실천적 움직임들은 자연의 색에서 차용된 '그린green'이라는 용어를 사용하여 오늘날 공간디자인을 포함한 다양한 디자인 분야에서 주요 이슈가 되고 있다.

1992년 브라질 아젠다 21Agenda 21 선언을 시작으로 국제적으로 환경오염에 대해 규제를 가하기 위한 협약이 마련되었고, 환경을 보존하고 자연과 조화를 이룰 수 있는 생태학적 사고와 이를 기초한 생태건축의 개념이 발전되고 있다. 생태건축okologische bauen이라는 용어는 독일의 건축가 크루세Krusche, 1979 등이 독일 연방환경청에 제출한 연구보고서에 사용한 것에서 시작되었다. 이것은 환경파괴에 따른 생태계 문제를 인식하여 발생한 것으로 건축을 생명체와 같이 자정능력을 보유한 유기체로 보는 것이며, 자연 생태계의 일부로 주변 환경에 순응하는 건축 또는 자연건축을 말하는 것이다대한건축학회, 2007. 이외에 제로에너지zero energy건축, 환경건축, 녹색건축green architecture, 지속가능한 건축sustainable architecture, 대안건축alternatives bauen, 환경공생 주택symbiotic housing 등을 표방하며 건축 공간과 환경의 연계에 대한 노력이 다양하게 시

***제로에너지건축**
바람이나 태양광과 같은 재생가능한 에너지를 활용하여 에너지의 공급이 필요하지 않게 하는 건축물 개념

도되고 있으며 리자인$_{resign}$, 업사이클$_{upcycle}$, 에코$_{eco}$디자인 등 제품디자인이나 실내자재 분야에서도 여러 시도들이 이루어지고 있다.

또한, 세계 여러 나라의 공공기관 또는 행정기관에서 자연환경을 위한 건축 공간을 지원하고 권장하는 정책들이 함께 진행되고 있다. 미국의 리드$_{LEED}$, 일본의 카스비$_{CASBEE}$, 영국의 브리암$_{BREEAM}$ 등의 친환경 건축물 인증제도가 이러한 노력의 예이며, 우리나라의 녹색성장 정책도 함께 이해될 수 있겠다. 이러한 실천적 움직임은 건축, 실내공간 및 제품디자인 등 여러 디자인 분야에서 시도되고 발전되고 있으며, 디자인을 통한 이들의 메시지는 다음과 같이 표현될 수 있다.

"Let's Green!"

한편, 자연을 고려해 공간 환경을 디자인하는 디자이너에게 주어진 의문의 하나는 오늘날의 환경 문제를 해결하기 위해서 자연 그대로의 태고적 자연으로 돌아가야 하는 것인지, 자연과의 조화를 꿈꾸는 공간을 만들 것인지에 대한 것이다. 이러한 의문에서 "Let's Green!"의 실천적 노력은 생태 건축과 친환경 건축으로 구분하여 접근하기도 하며, 오늘날 주요 디자인 이슈로서 매우 다양하게 전개되고 있다.

공간디자인과 관련된 여러 연구들에서 다루어진 내용을 바탕으로 그린디자인$_{green\ design}$의 주요 이슈를 구분해 본다면, 공간에 자연 요소를 직접 들여와서 환경과 괴리되지 않으려는 디자인 노력들이 우선적으로 존재하며, 에너지의 사용을 줄이거나 작게

***리자인**
리사이클$_{recycle}$과 디자인$_{design}$의 합성어로, 폐기물에 디자인을 적용해 새롭게 만드는 제품

***업사이클**
원재료를 그대로 활용하여 보다 높은 가치를 지닌 제품으로 새롭게 만듦

하여 환경을 덜 파괴하고 보존하는 데 도움이 되는 공간디자인의 시도, 건조 환경의 사용 수명을 길게 하고 생태계에 다시 순환될 수 있는 자재 사용에 대한 노력, 환경에 무해한 자재 사용을 통해 환경뿐만 아니라 인간의 건강을 지원해 주는 공간디자인의 노력, 그리고 인위적 형태에서 자연을 닮은 형태로 새로운 디자인의 흐름을 만들어 가는 시도 등으로 구분될 수 있다. 이를 다시 말하면, '자연을 더하기', '에너지를 고려하는 디자인하기', '지속가능하게 하기', '공간으로 힐링하기', '자연의 모습 따라 하기' 등 5가지의 관점으로 요약할 수 있다. 그러나 이러한 내용들은 서로 완전히 구분되지 않고 연결되어 있으며, 다만 디자인에 대한 아이디어 접근과 디자인 이슈에 대한 이해를 목적으로 주요 키워드를 통해 구분되었음을 밝혀 둔다.

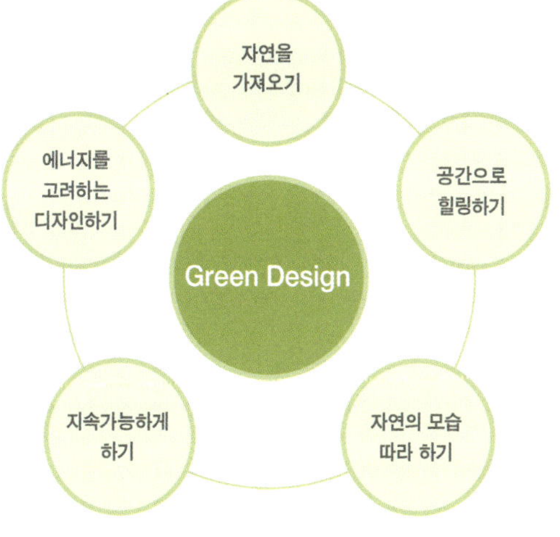

1. 자연을 더하기

환경에 대한 위기감과, 삭막한 도시, 그리고 현대사회의 인간 소외의 문제는 사람들에게 '자연으로 돌아가고 싶다.'는 생각을 불러일으켰다. 자연적 환경이 긴장뿐만 아니라 혼란, 분노, 의기소침을 완화시키고, 에너지를 높여 좋은 감정을 가지게 해 주는 등 정서적으로 편안하게 하는 기능이 있다는 많은 연구결과들도 있고, "매력적인 경치landscape가 사람들의 건강에 기여한다."는 생각이 인기를 얻고 있다. 이러한 흐름에서 "Let's Green!"의 접근방법의 하나는 자연 요소를 공간에 직접적으로 도입하는 것, 즉 인간이 사용하는 공간 환경에 '자연을 더하기'이다.

'자연을 더하기' 방식은 자연환경을 공간의 일부에 계획하거나, 자연 재료 및 형태를 사용하는 것으로 표현될 수 있다. 건축 공간에 도입되는 자연은 크게 햇빛, 살아있는 식물, 물, 흙, 돌 등이 있는데, 건축 공간의 내·외부에 적용되는 이러한 자연 요소는 공간에 생명감을 불어넣어 주며, 우리 인간에게 감정, 감각, 정서, 의미로서 전달되고 있다. 또한, 건축 공간에 적용된 자연 요소는 표면, 색채, 감촉, 명암, 소리 등의 성질을 통해 인간이 보다 자연을 가깝게 느낄 수 있게 하며, 자연과 통합되거나 혹은 자연과 소통하고 있다는 느낌을 부여해 준다.

자연 요소를 각각 살펴보면, 햇빛은 실내에 필요한 조명의 기능을 할 뿐만 아니라, 시간에 따라 바뀌어 빛이 공간에 투과되는 형태에 따라 변화의 패턴을 만들고 활기를 불어넣어 주는 역할을 한다. 살아 있는 식물은 그 자체가 가진 '그린' 색상만으로도 시각적으로 자연과 접촉하는 느낌을 주며, 차음, 차단을 통한 프라이버시, 공기정화, 채광조절의 역할을 하기도 한다. 물은 고요히 존재하는 형태와 흐르거나 솟아오르는 등 움직이는 방식으로 공간에 적용될 수 있는데, 시각적 이미지뿐만 아니라 청각적 요인인 물소리로 보다 쾌적한 공간감을 주면서 자연을 경험하게 한다. 돌이나 흙은 건축 공간에 마감재나 구조적 재료로 사용되어 일반적인 자연의 분위기나 지역색이 강조된 향토적 자연을 공간에 재현할 수 있다.

한편, 건축 공간에 자연을 직접적으로 도입하는 형식은 첫째는 자연환경인 외부 공간과 건축 공간인 내부 공간의 경계를 허무는 방법이 있다. 즉, 주변의 공원과 건물의 경계를 허물거나, 건물 테라스나 지붕, 입면 등에도 식물을 덮어 계획하여 자연과 환경의 경계가 구분되지 않는 방식인 것이다. 둘째로는 건축과 자연환경과의 경계는 있으되 서로 교류시키는 소통적인 방법, 즉 투명한 재료를 사용하거나 반 외부 공간을 계획하여 자연과의 접촉면을 최대로 하여 공간과 자연이 상호 소통하도록 계획하는 것이다.

구체적 계획 요소로는 실내에 자연을 들여오는 아트리움$_{\text{atrium}}$이나 건축물 외피의 자연화, 그린웨이$_{\text{greenway}}$, 도시농업$_{\text{urban agriculture}}$ 등이 있다.

***아트리움**
아트리움은 고대 로마 주택 건축의 안뜰을 의미하며, 현재는 건조물 내 오픈 스페이스 구조부에 위치한 정원식 공간을 가리킴$_{\text{토목관련용어편찬위원회, 1997}}$

***그린웨이**
다양하게 정의되고 있는데, 리틀$_{\text{Little, 1990}}$에 의하면 그린은 숲, 강변, 야생동식물 서식지 등 자연친화적 요소를 뜻하고, 웨이는 길이나 통로를 의미하는 단어의 결합으로서, 그린웨이는 강변 등 자연 통로를 따라 만들어진 선형의 오픈 스페이스이고, 사람과 자전거를 위한 보행로이며, 공원, 자연, 문화, 역사적 장소들을 주요 장소들과 연결하고, 파크웨이나 그린벨트로 설계된 선형 공원을 의미함

***도시농업**
도시의 다양한 공간을 활용한 농사 행위를 의미하는데, 눈으로 즐기기만 하는 자연이 아니라 실제로 키우고 수확하여 식량자원으로 활용 가능하도록 자연을 계획하는 것

이화여자대학교 ECC, 한국

Ewha Campus Complex

자연을 건축 공간에 더하는 기본적인 방법에는 자연의 직접적 도입과 자연과의 교류방법이 있다. 프랑스 건축가 도미니크 페로Dominique Perrault가 설계한 이화여자대학교 ECC는 이러한 두 가지 방법을 모두 시도한 사례이다. 원래 대운동장이었던 대지의 지하 공간을 활용하여 새로운 공간이 계획되었고, 여기에 자연을 더하여 자연과 인공 공간의 교류를 가능하게 하고 있다. 지하 공간에 대한 새로운 해석을 보여 주는 이화여자대학교 ECC 건물은 주차장 및 교육 및 학습, 문화시설을 갖추고 있다.

이화여자대학교 ECC는 지하에 배치되어 있는 건물들의 옥상 표면에 녹지 공간을 계획하여 자연과 건축의 경계를 허무는 방법을 보여 주고 있다. 이러한 녹지 공간은 캠퍼스 내 기분 좋은 산책로로 활용되고 있다.

투명한 외벽 창을 이용해 햇볕을 도입하고, 시각적으로 외부와의 교류를 가능하게 설계함으로써 지하 공간이 가지는 채광 및 환기의 문제점을 해결하였다. 또한, 지열에너지 등을 활용하여 냉난방 에너지를 절감하도록 설계되었다.

M2 메트로 역, 로잔, 스위스

M2 Metro Station

우리가 사는 도시 환경이 점점 자연과 괴리되어 가면서, 이에 대한 반성과 새로운 요구로서 자연을 직접 우리 공간에 가져오는 디자인이 많이 시도되고 있다. 이러한 예를 잘 보여 주는 스위스 로잔의 지하철 M2 메트로 건물은 버나드 츄미Bernard Tschumi와 메를리니와 벤투라Merlini & Ventura가 설계하였다. 콘크리트로 접힌 듯한 형태로 생긴 이 건물은 티켓 오피스로 사용되고 있는데, 지붕과 서쪽 벽면이 식물로 이루어진 그린 카펫으로 덮여 있다. 이것은 지하철을 이용하는 사람들에게 환경에 대한 관심을 자연스럽게 불러일으키고 있다. 이처럼 오늘날의 여러 공간디자인은 빌딩 외피에 자연을 도입하는 여러 시도를 통해 시각적 디자인 효과뿐만 아니라 보다 많은 이들에게 자연 보존 및 생태계 복원 등에 관한 메시지를 전달하고 있다.

콘크리트로 접혀진 형태인 M2 메트로 역은 지하철 티켓 오피스 건물과 선큰sunken 공간을 연결하여 지하 공간에 자연광을 유입하는 통로를 제공하고 있다. 또한, 도로변 보행자의 쉬운 접근을 위해 경사진 램프를 통해 진입할 수 있도록 설계되었다.

인공적인 도시환경 내에서 건물 외피에 자연을 더하는 것은 시각적 편안함과 즐거움을 부여하여 삭막한 도심에 활력을 주고 있다.

빛의 교회, 이바라키, 일본
Church of the Light

자연의 풍광이나 자연광을 인공환경인 건물에 도입하기 위해 많은 디자이너들이 투명한 유리창을 넓게 계획하는 방법을 사용하고 있다. 이와는 대조적으로 가늘게 열린 창을 통해 자연을 더 극적으로 공간에 더하기도 하는데, 오사카의 이바라키Ibaraki시에 위치한 빛의 교회가 이에 해당된다. 일본의 건축가 안도 다다오Tadao Ando가 설계한 이바라키시 빛의 교회는 노출 콘크리트로 이루어진 단순한 공간에 십자가 형태의 창을 냄으로써 어두운 실내에 자연광이 더 선명하게 들어오는 효과를 내었다.

빛이라는 자연 요소를 실내에 극적으로 더함으로써 인공적인 실내 공간에 풍부함을 더해 주었으며, 예배자는 종교적 경외감을 자연스럽게 느낄 수 있다.

보스턴 미술관, 보스턴, 미국
Boston Museum of Fine Arts

공간에 자연을 도입하는 것은 직접 실내에 자연물을 들여놓거나, 유리창 등을 통해 자연물을 시각적으로 투영하는 방법이 있다. 보스턴 미술관은 세계 4대 미술관의 하나로 컬렉션이 고대 이집트에서 현대까지 광범위한 곳인데, 전시 공간에서 창을 이용해 자연광을 실내로 가져오기도 하고, 휴식 공간에서는 자연 채광과 나무를 실내에서 즐길 수 있도록 자연 요소들을 공간에 직접 적용하기도 하였다.

고창을 통해 전시 공간에 자연광을 들여오면서 빛이 하나의 패턴으로 실내를 장식하고 있다.

돔 형태의 고창을 통해 자연광을 실내에 들여오고, 휴식 공간에는 나무를 도입하여 공간에 자연을 직접 들여왔다.

2. 에너지를 고려하는 디자인하기

환경과 공간에 대한 그린을 이야기할 때 오늘날 시급하게 논의되고 접근되는 문제는 에너지와 관련된 이슈이다. 루드먼과 렌센Roodman & Lenssen, 1995의 연구에서 밝혀진 바에 의하면 건축물의 냉난방과 전기 사용으로 전 세계 자원과 에너지의 40%가 건축물에 소모되었다고 한다. 이것은 건축 공간이 환경에 직접적으로 영향을 미치고 있다는 사실을 보여 주며, 이제 건축물은 인간이 거주하는 쾌적한 생활을 영위하기 위한 공간의 차원을 넘어, 인류의 생존과 지구환경 문제에 기여해야 하는 새로운 가치의 개념으로 이해되고 있다.

이러한 새로운 개념과 연계되는 주요 아이디어로 그린 빌딩green building과 제로 에너지 건축zero energy architecture, 버네큘러vernacular 건축 또는 디자인 등이 있다. 그린 빌딩이란 건물에 사용되는 에너지, 물, 자재 등의 자원에 대한 효율성 증가를 실행하는 것으로, 동시에 건물의 사용기간 동안 설계, 건설, 운용, 보수 관리, 철거에 이르기까지 인간의 건강과 환경에 미치는 영향을 줄일 수 있도록 하는 것이다Frej, 2005. 또한, 제로 에너지 건축은 에너지 절약 차원을 넘어 대체에너지의 사용을 통해 에너지 소비가 거의 없는 건물을 뜻한다. 그리고 버네큘러 건축디자인은 풍토적 환경 내에서 지역주민들의 생활습관으로 이루어진 전통적인 양식을 말한다. 이것은 자연환경의 조절과 에너지의 경제적 사용이 라는 측면에서 오늘날 '그린' 이슈와 관련하여 새롭게 조명되고 있다.

이러한 아이디어에 대한 이해를 바탕으로 '에너지를 고려하는 디자인하기'의 계획 요소를 살펴보면, 자연 환기와 축열·냉각 효과, 그리고 건물의 외피구조, 아트리움의 사용 등이 있다. 구체적으로, 자연에너지인 태양에너지와 풍력을 사용하여 환경에 미치는 부하를 절감하도록 건축 공간을 설계하는 방법이 있다. 그리고 불필요한 에너지의 소비를 줄이기 위해 태양 각도와 건물의 방향에 따라 제어가 가능한 루버louver를 창문에 사용하거나, 신소재를 사용한 돔dome 구조 안에 자연을 계획하는 등 건물 외관의 재료와 외피 시스템을 통해 건축 공간의 단열과 축열 성능을 최대화하는 방법이 있다.

특히, 버네큘러 건축의 에너지 사용을 줄이는 방법을 차용하는 여러 아이디어가 있다. 물을 통한 냉방기법이나, 고온건조한 지역에서 집안에 바람을 끌어들이기 위해 수천 년 전 페르시아에서 발명되어 현재에도 사용되는 바드기르라는 바람 통로를 지붕에 설치하는 방법이 있다. 또한, 온도와 차이가 심한 사막지형에서 건물 내부의 중정을 통한 냉방효과와 전통 한옥에서 보이는 공간의 배치에 따른 온도나 압력 차이로 인해 자연환기를 일으키는 방법 등이 있다.

이와 같이 현대의 발전된 냉난방 시설을 사용하여 많은 에너지를 소비하던 이전의 건축물은 이제 자연에서 얻어지는 에너지를 활용하는 방향으로 설계하거나, 지역적 기후를 바탕으로 발전된 풍토적 기후조절 해결방안을 현대에 되살리는 방향으로 접근되어 형태적 또는 구조적으로 새롭게 디자인되고 있다.

캘리포니아 과학 아카데미, 캘리포니아, 미국

California Academy of Science

건축가 렌조 피아노Renzo Piano가 설계한 캘리포니아 과학 아카데미 건물은 샌프란시스코에 위치한 자연사 박물관이다. 캘리포니아 과학 아카데미는 전시물의 방대함으로 유명할 뿐만 아니라 친환경 건축물로도 많이 알려져 있다. 공원의 일부를 옥상에 올리고 건물 공간을 그 아래에 배치하여 자연의 일부로 보이게 하는 효과와 함께 건축물 내부의 온도를 낮추고 있다. 또한, 복사에너지를 적극 유입하여 필요 에너지의 5–10%를 절약하고 있다. 살아 있는 지붕living roof이라 불리는 녹색지붕을 이용하여 공기정화에 필요한 에너지를 얻는 등 캘리포니아 과학 아카데미는 세계에서 가장 효과적인 자연친화적 박물관으로 불리고 있다.

ⓒ 박순희

캘리포니아 과학 아카데미는 리드LEED, 즉 미국의 친환경 건물 인증 시스템에서 상위 20%의 플래티넘platinum 등급을 받은 가장 큰 공공 빌딩이다. 옥상정원에는 태양과 행성을 모방한 형태로 디자인되어 있다. 또한, 2천 개의 태양전지를 설치해 20만 kW의 전력을 생산할 수 있다. ⓒ 박순희

고성능 유리high-performance glass를 이용하여 열을 흡수하여 공기가 차가워지는 것을 막고 있다. ⓒ 박순희

런던 시청사, 런던, 영국

London City Hall Building and Tower

노먼 포스터$_{\text{Norman Foster}}$가 설계한 런던 시청사 건물은 원형의 독특한 모양을 하고 있는데, 혁신적인 형태뿐만 아니라 성공적인 친환경 건축으로도 인정된다.

에너지 절약 측면에서 런던 시청사는 다양한 에너지를 사용하여 기존 건물보다 75%의 에너지를 절감하고 있다. 시청의 형태는 최소의 표면적으로 최대한의 볼륨을 갖는 구$_{\text{sphere}}$의 형태이다. 남쪽에서 비추는 태양광을 차단하기 위해 기울어져 있다. 또한, 각 층의 바닥을 돌출시켜서 그늘을 만드는 차광효과$_{\text{shading effect}}$를 계획하기도 하였다. 건물 외피의 유리는 삼중유리로 단열효과가 높고, 환기장치가 되어 있으며, 시청의 지붕에 설치된 광전지패널은 빛을 전기로 변환시켜 건물에 공급하기도 한다. 태양열의 흐름에 따른 공기의 자연 순환을 기본으로 설계되어, 개폐가능한 창문을 통해 자연환기가 가능한 건물이고, 지하수를 이용해 건물에 차가운 공기를 제공하기도 하는 등 다양한 방법의 에너지 절약과 자연에너지를 활용하고 생산하고 있다.

런던 시청사는 환경적 측면 외에도 사회적·경제적 측면에서 지속가능성을 많이 갖고 있다는 점에서 높이 평가된다. 경제적 측면에서는 디지털 컴퓨터 모델링 기술을 통해 외피 및 유리 요소를 경제적으로 만들었고, 자연환기, 지하수 순환 시스템 등을 통해 공기정화 시스템에 소비되는 투자비용 및 유지관리 비용을 절약하고 있다.

상징적 형태와 야외 공연장 및 다양한 외부 공간이 지역의 성격을 더욱 강조하고, 보행로를 통해 24시간 접근이 가능한 공공 영역을 만들어 냈다는 장점이 있다.

세이크 이사 빈 알리 저택, 무하라크, 바레인

Sheikh Isa Bin Ali House

옛 페르시아의 전통 건축물에는 자연 통풍을 위한 시설이 있는데, 이것을 바드기르badgir, 영어명칭 windcatcher라고 한다. 건물의 우뚝 치솟은 탑과 같은 바드기르는 건물의 내부의 온도를 낮추는 기능이 있는데, 에어컨이 발명되기 이전에 자연방식의 쿨링 시스템이라 할 수 있다. 지표면의 뜨거운 공기가 카나트qanat라는 통로로 유입되어 대류와 지하수에 의해서 냉각되어 차가운 공기가 실내로 들어오고, 다시 온도가 올라간 공기는 바드기르를 통해 밖으로 내보내는 방식이다. 바드기르는 옛 페르시아 문명의 영향을 받은 파키스탄, 아프가니스탄을 포함하여 중동 지역에 많이 있다.

세이크 이사 빈 알리 저택은 바레인Bahrain의 박물관으로 바드기르를 잘 보여 주는 건축물이다.

바드기르는 사각형의 형태로 되어 있어 바람을 실내로 들이는 개구부가 있으며, 문이 있어 겨울에는 닫을 수 있다.

이란 중부의 야즈드Yazd에는 바드기르를 많이 찾아볼 수 있다. 건물에서 우뚝 솟은 탑처럼 보이는데, 바드기르는 사회적 지위에 따라 높고 거대해졌다.

두바이 주택에서도 바드기르를 볼 수 있다.

미국 유타주의 시온 국립공원의 방문자 센터는 바드기르를 현대화하여 적용한 예이다. ⓒ NPS, www.nps.gov

3. 지속가능하게 하기

지속가능성에 대한 환경과 디자인의 관점은 대단히 포괄적이고 통합적인 성격이 있어서, 사실상 '그린'과 관련된 모든 이슈를 포함할 수 있다. "Let's green!"의 세 번째 이슈인 '지속가능하게 하기'는 이러한 포괄적 의미의 범위가 아니라, 생태계 및 자연자원의 보존을 위해 생태계 순환을 해치지 않고 재생$_{\text{regenerate}}$ 관점에 국한하여 다루고자 한다.

인간의 활동, 그 중에서도 건축물과 관련된 활동은 자연의 서식환경과 생태계에 직접적인 영향을 미치게 된다. 건설과 관련된 무분별한 자원 사용으로 생태계가 다시 회복되어 순환하는데 악영향을 끼치게 되며, 수많은 폐기물의 생성으로 인간 삶의 바탕이 되는 생태계가 오염되고 파괴되는 위험에 직면하고 있다. 이러한 배경에서 생태계 파괴의 위험을 해결하고자 새로운 이슈로서 공간의 지속가능성이 논의되고 있으며, 인간과 자연환경의 조화를 꾀하는 지속가능한 환경을 위한 다양한 시도들이 일어나고 있다.

지속가능성은 최근 건축과 관련하여 가장 관심을 끄는 주제 중 하나인데, 베이커$_{\text{Baker, 2006}}$는 지속가능한 개발 개념은 생태학적$_{\text{ecological}}$, 사회적$_{\text{social}}$, 그리고 경제적$_{\text{economic}}$ 차원에서 조화를 이루어야 하며 현재와 미래, 그리고 지구적 관점에서 적용성을 찾아야 한다고 하였다. 이러한 지속가능성과 함께 다루어지고 있는 내용은 생태학적 차원에서는 에너지, 토지, 천연자원의 효율적인 활용과 폐기물의 재활용 문제 등이 있고, 사회적 차원에서는 주민 참여와 사회공동 자원의 사용, 역사적·문화적·지역적 접합성 등이 있으며, 경제적 차원에서는 건설에 소요되는 비용의 최소화, 내구성과 융통성의 문제 등이 있다.

'지속가능하게 하기'의 구체적인 아이디어로는 브라운 필드 brown field의 재생, 장수명 주택 long-life housing, 리자인, 업사이클 등이 있다. 브라운 필드는 보통 오염 문제를 동반하며, 재개발을 위해 오염을 처리하는 비용이나 시간 문제로 인해 개발되지 않고 도시 내에 버려진 공간인 경우가 많은데, 이를 재생시키는 아이디어가 건축이나 실내 디자인뿐만 아니라 도시 전체에 영향을 주는 방안으로 시도되고 있다. 또한, 장수명 주택의 설계는 건물의 수명을 늘리고 생애주기에 따른 변화를 수용하는 등의 가변성을 고려하여 자원의 낭비를 줄이고 공간을 지속가능하게 한다. 이 외에도 일부를 리모델링하여 건축 공간의 수명을 늘리는 방법, 낡은 재료를 재활용하여 가치를 높이는 방법, 그리고 내구성이 오래가는 재료의 사용 등의 실천적 방법이 있다.

이와 같이 공간디자인에 있어 '지속가능하게 하기' 이슈는 자원의 낭비나 자연 파괴를 막아 환경적으로 지속가능하게 하는 노력뿐만 아니라, 비용 절약을 통한 경제적 이득과 낡은 지역이나 건축물을 새롭게 재생시킴으로써 새로운 경제적·사회적 이득을 창출해 내고 있다는 점에서 많은 관심을 받고 있다.

*브라운 필드
공장, 상하수 처리시설, 철도시설, 매립지 등 이미 개발되었다가 사용되지 않고 버려져 있는 부지를 뜻함

*장수명 주택
수요자의 다양한 라이프사이클 및 라이프스타일의 변화 요구에 능동적으로 대응할 수 있으며, 자원 및 에너지를 효율적으로 활용할 수 있는 주택 박준영, 2008

웨일스 국회의사당, 웨일스, 영국
National Assembly for Wales

카디프Cardiff 해변에 위치한 영국 웨일스의 국회의사당 건물은 1998년 국제 공모전에서 당선되어 파리의 퐁피두센터로 유명한 영국 건축가 리차드 로저스Richard Rogers가 설계한 건물이다. 이 건물의 설계 당시 가능한 한 많은 곳에 웨일스Wales산 재료를 사용하고, 재활용 시스템과 함께 최소한 자재들이 100년은 버틸 수 있는 지속가능성을 요구사항으로 제시되었는데, 리차드 로저스는 이를 살려 지속가능한 공공 건물로 디자인하였다.

건물 앞으로 상당히 길게 뻗은 목재로 된 지붕 아래 내부가 환히 보이는 유리로 외관을 계획하여 시민이 직접 국회의 내부 업무를 들여다보고 참여할 수 있다. 이것은 민주주의의 가치인 열림, 투명, 참여를 건물디자인에 표현한 것이라 할 수 있다.

웨일스산의 수명이 길고, 튼튼하며 관리가 쉬운 나무를 사용해서 카디프 해변의 해양기후에서도 최소 1백 년을 지속할 수 있도록 계획되었다.

첼시 마켓, 뉴욕, 미국

Chelsea Market

기존의 건물이 낡았거나, 사용 목적을 변경해야 할 때, 이전의 많은 사례들에서 건축가나 디자이너들은 망설임 없이 허물거나 기존의 것을 떼어 내고 새로운 건물과 공간으로 변화시키는 디자인을 해 왔다. 산뜻하게 깨끗하고, 새로운 것이 미덕이었던 시대를 지나 이제는 다른 관점에서 디자인이 시도되고 있다.

생태계 순환을 해치지 않고 재생시키는 '지속가능하게 하기'의 디자인 움직임은 낡았거나 이제는 사용하지 않는 것에 대해 새로운 의미를 부여하는 것에서 시작한다. 이러한 사례의 하나가 뉴욕의 첼시 마켓이다. 이곳은 22개의 빌딩이 모인 콤플렉스로서, 식품과 베이커리, 음식점 등이 모인 하나의 시장처럼 구성된 뉴욕의 명소로 알려져 있다.

▶ 이곳의 디자인은 과거 공장이었던 부분을 모두 헐어내지 않고, 지난 시간을 잘 보존한 특징이 있다. 1890년에는 오레오 쿠키로 유명한 나비스코Nabisco 회사의 공장이었는데, 공장이 이전된 후 방치되어 있다가 부분적으로 새롭게 개조되어 사용되고 있다.

CHELSEA
MARKET
CHELSEA MARKET
ANTHROPOLOG

새로운 공간 구성과 연결에 있어 이전의 벽돌 재료를 그대로 살려 두고 있다. 매끈한 입구가 아닌 벽을 뚫어 깨진 형태로 공간을 연결함으로써 지난 시간과 변화를 느끼게 해 주며, 바닥에 설치된 현재의 조명을 통해 과거의 공간을 새롭게 비춰 주고 있다.

'지속가능하게 하기' 디자인의 개념은 자원의 재활용이라는 물리적 측면만이 아닌, 공간디자인을 통해 어제와 오늘, 기성세대와 신세대를 연결하는 시간의 재해석이라는 의미를 지닌다.

예전 공장에서 사용되었던 배선이나 파이프를 뜯어내지 않고 통로나 상점의 디자인 모티프를 새롭게 디자인하였다. 첼시 마켓의 '지속가능하게 하기' 디자인은 기존 재료나 구조를 무조건 버리는 것이 아니라 디자인 모티프로 적극 활용하여 새로운 디자인을 탄생시켰다.

하이라인 공원, 뉴욕, 미국
High Line Park

과거 뉴욕 산업 경제에 중요한 역할을 한 뉴욕의 하이라인 철도는 트럭 수송이 증가하면서 가치가 급락하였다. 1980년을 끝으로 철도가 중단되었는데, 하이라인을 새롭게 개발해야 한다는 입장과 보존해야 한다는 입장이 대립하였다. 수년에 걸친 소송이 있었으나 시민들의 큰 지지로 보존하자는 입장이 승소하여 하이라인은 그린으로 재탄생하였다. 낡은 폐선로로 방치되었던 하이라인은 이제 새로운 생명력을 얻어 많은 시민들이 즐길 수 있는 생태 공원으로 이용되고 있다.

하이라인 공원은 지상 공원으로 조성되어 도심에서의 휴식 공간이기도 하고, 녹지의 조성에도 기여한다. 공원 철길을 따라 걸으며 자연과 함께 도시를 감상할 수 있게 되었다.

하이라인 공원을 걷다가 지친 사람들을 위한 벤치디자인은 바닥으로부터 솟아 나온 형태로 철로를 연상하게 한다.

하이라인 공원의 일부에는 물길이 조성되어 사람들이 자연스럽게 맨발로 걷기도 하며, 흥미 요소로 활용되고 있다.

4. 공간으로 힐링하기

환경오염에 대한 위기의식은 자연환경을 건강하게 유지하거나 복구하려는 움직임뿐만 아니라, 그 속에 함께 살고 있는 인간의 건강을 위협하지 않고, 힐링healing이 가능한 공간디자인에 대한 관심으로 그 방향이 새롭게 조명되고 있다. 이러한 '공간으로 힐링하기' 이슈는 자연을 통한 정서적 안정, 스트레스 해소 및 사색과 여유를 위한 공간디자인, 그리고 공간에 사용되는 재료에 초점을 둔 건강한 환경 조성과 관련되어 있다. 신체적 건강뿐만 아니라 현대인에게 만연되어 있는 정신적 스트레스의 완화 등 총체적 건강holistic health을 고려한 치유적 환경에 대한 이슈가 자연요소와 함께 다루어지고 있으며 오늘날의 흙 건축이나, 무독성 재료, 실내 공간의 쾌적성, 친건강성 등이 새롭게 다루어지는 이슈이다.

'치유환경'에서 '치유healing'의 어원은 '완전해지다haelen'이다. 이것은 인간의 육체와 정신, 영혼이 질병에서 벗어나 완전해지는 것을 뜻한다. 자연환경의 도입은 치유에 있어 효과가 있다고 여러 연구에서 밝혀지고 있으며, 자연을 도입한 '건강한 환경 디자인하기'는 많은 긍정적 효과가 기대되고 있다. 병원 공간을 디자인할 때 기술적 시스템을 중심으로 하던 과거와는 달리, 환자의 회복을 위해 정신과 육체, 영혼이 완전해지는 '치유의 개념'으로 변화되고 있고, 이에 따라 자연 요소를 활용한 공간디자인이 중요하게 다루어지고 있다. 또한, 일반 공간에서도 사색과 침묵, 그리고 치유를 위한 공간의 시도도 이루어지고 있다.

치유환경에서 중요한 자연 요소는 크게 빛, 물, 식물, 돌, 흙 등이 있는데, 이러한 자연 요소는 병원의 치유적 환경을 위해 다루어질 수 있다. 식물이 자라나는 모습 등 자연의 변화 특성은 환자에게 생명력과 기운을 느끼게 할 수 있으며, 하늘로 열린 창이나 정원 등을 통해 긍정적인 사고로의 전환이 가능하게 한다. 또한, 자연 요소의 청각·후각·촉각 등의 자극도 치유환경 디자인에 효과적으로 활용될 수 있다.

공간을 사용하는 인간의 측면에서 건강 이슈로 다루어지는 항목은 친건강성과 무독성, 그리고 쾌적성 등이 있는데, 건강 자재에 대한 고려는 현대 건축에서 많이 사용되던 신소재에서 전통 건축물의 자연 재료로 관심을 돌리고 있다. 그 중에서도 전통 건축에 사용된 흙은 주택 건축과 관련하여 인기를 얻고 있다. 흙벽은 내부 공간의 습기를 빨아들이고, 건조할 때는 습기를 방출하여 공간을 쾌적하게 유지하는 특성이 있는데, 이러한 흙을 소재로 지은 건물을 '흙 건축'이라고 부른다. 영문으로는 '어스 컨스트럭션earth construction', '어스 아키텍쳐earth architecture', '어스 빌딩earth building' 등으로 불리고 있다. 흙 건축은 공간을 쾌적하게 하여 사용자인 인간에게 건강한 환경을 제공하기도 하지만, 생명의 근원인 대지, 고향 등의 의미를 내포하여 정서적인 안정을 통해 정신적·감성적으로 건강한 환경, 또는 치유적인 환경과 연계된다.

고령화가 심각한 이슈로 등장하는 오늘날에는 특히 치매환자를 포함한 노인의 정신적 건강을 도모하는 중요한 매개로 그린디자인은 병원뿐만 아니라 주거 공간에 이르기까지 적극적으로 디자인에 활용될 필요가 있다.

솔크 연구소, 샌디에이고, 미국

Salk Institute

현대인은 누구나 스트레스를 받는다고 한다. 일상이 바빠진 현대인들이 사용하는 공간은 그동안 기능적인 것에 초점을 두어 계획되었다면, 명상과 사색을 통한 치유의 공간에 대한 필요성이 대두되고 있다. 이러한 목적으로 자연이 매우 훌륭한 역할을 하게 되는데, 미국 샌디에이고의 솔크 연구소는 건물군 사이의 중정이 이러한 사색이 가능한 공간의 예를 보여 주고 있다. 솔크 연구소는 소아마비 백신을 개발한 조나스 솔크Jonas Salk 박사가 1962년 건축가 루이스 칸Louis Kahn에게 의뢰해 건축한 생명공학 연구소 건물이다. 태평양이 내려다 보이는 중앙에 중정을 두고, 양쪽에 건물군을 배치하였는데, 작은 물길과 함께 정신적인 공간이 되고 있다.

밤에는 빈 공간이던 중정에 일몰의 빛이 채워짐으로써 매스와 빛이 조화를 이루고 있다. 누구나 이곳에 머무는 동안 바쁜 일과는 잠시 뒤로 하고 자연이 보내는 힐링의 효과를 느낄 수 있을 것이다.

콘크리트와 나무가 조화를 이룬 건물군 사이의 빈 공간인 중정에 물을 도입하여 더욱 정신적인 공간이 되고 있다. 원래 루이스 칸은 조경으로 덮으려고 생각하였으나 멕시코 출신 건축가 루이스 바라간의 조언으로 비워두게 되었다고 한다.

오프리랜드 호텔, 내슈빌, 미국
Opryland Hotel

실내 공간에 정원을 그대로 들여놓은 미국 내슈빌의 오프리랜드 호텔은 자연을 듬뿍 담고 있다. 호텔 객실 발코니에서 정원을 바라볼 수 있고, 인공 강이 조성되어 있다. 정원은 델타Delta, 가든 콘서버토리Garden Conservatory, 캐스케이드Cascade, 매그놀리아Magnolia로 나뉘어 조성되어 있는데, 호텔에 머무는 여행객이 낮과 밤의 자연을 느끼며 머물 수 있게 계획되어 있다. 호텔 등의 숙박업소는 일반적으로 실내에 국한된 갇혀진 공간의 느낌이 대부분이지만, 내슈빌의 호텔에서는 단순히 머물고 자는 공간이 아니라, 자연을 통해서 보다 쾌적한 환경 안에 머물며 피로를 덜고, 새로운 기운을 얻는 공간이 되고 있다.

호텔 객실 내부가 아닌 자연 속의 벤치에 앉아 휴식이나 독서를 즐길 수 있어 이용자들에게 보다 건강한 환경이 되고 있다.

폭포나 강과 같은 수水 공간은 동적인 느낌과 청각의 자극을 함께 부여함으로써 심리적으로 저하되거나 피로한 사람들에게 좋은 에너지원이 되고 있다.

구인헌, 영월, 한국

지속가능한 생태적 환경에 대한 관심은 건축의 재료에도 눈을 돌리게 만들었다. 흙은 전통적으로 오래 사용되어 온 익숙한 재료이고, 주위에 흔한 재료라는 점에서 환경적 부하가 적다고 할 수 있다. 건축에 사용되는 흙은 여름의 낮에는 서서히 데워져 쾌적한 공기에 도움을 주고, 겨울의 밤에는 낮에 데워진 열이 서서히 식어 축열기능의 장점이 있다. 뿐만 아니라 최근 건물의 자재들에서 환경 호르몬의 방출 문제가 심각하다는 점과 대비되어 보다 건강하고 쾌적한 공간을 위한 재료로 인식되고 있다.

이러한 물리적 기능 측면 외에도 흙은 지역성과 장소에 밀접한 연관을 지니고, 대지는 근원, 자연, 고향, 생명의 근원이라는 정서적 특징이 있다. 이러한 3가지 측면에서 흙으로 된 건축은 보다 건강한 환경으로 인식되고 있다.

ⓒ 정기용

실내에 자연 채광을 들여오고, 식재를 통해 사색의 공간, 여백의 공간을 조성하였다. ⓒ 정기용

영월의 주택 '구인헌' 은 건축가 정기용의 작품으로 100% 흙은 아니지만 토벽의 축조방식을 사용하여 집 전체의 이미지가 흙 건축의 양상을 띠고 있다. ⓒ 정기용

삼성 암센터, 서울, 한국

질병을 치료하는 공간인 병원은 이전에는 주로 치료와 관계된 기기가 설치된 공간에 초점을 두고 디자인되었으나, 현대에 이르러 많은 연구결과에서 밝힌 바와 같이, 공간이 가지는 치유효과를 반영하여 설계되고 있다. 특히, 자연을 활용한 치유 공간은 투병기간을 단축해 주며 정서적 안정을 통해 환자 치료에 도움이 된다고 한다.

암치료 의료기관인 삼성 암센터는 최첨단 시설과 자연친화의 두 가지 콘셉트를 조화시켜 설계되었다. 건물 외피에 사용된 유리 커튼월을 통해, 주위 산책로와 폭포수의 풍광을 건물 안에 그대로 투영시켜 거대한 실내 공원으로 느껴지게 한다. 로비로 직접 들어오는 햇볕은 암치료를 받으러 오는 환자들에게 따뜻함과 함께 긍정적 효과를 주고 있다.

© 삼성서울병원

자연 채광이 들어오는 통행로에 잎새를 모티프로 한 대형 아트 작품을 설치하여 자연의 이미지를 공간에서 느낄 수 있도록 하였다. ⓒ 삼성서울병원

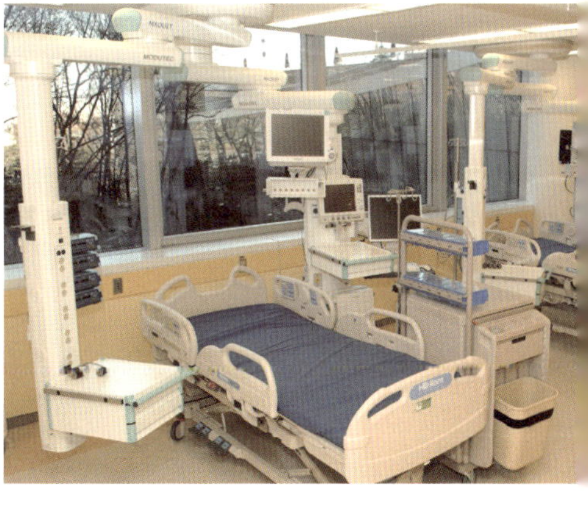

숭환자실에는 외부 조경이 보이는 큰 창이 있어 시간의 흐름에 따른 변화와 자연의 생동감을 느낄 수 있어 답답한 실내에서의 우울함을 덜 수 있다. ⓒ 삼성서울병원

5. 자연의 모습 따라 하기

자연의 모습을 따라서 무엇인가를 그리고, 디자인하는 것은 원시 인류가 동굴벽화에 그린 동물이나 식물 그림, 그리고 그릇에 새긴 형태에서 시작한 오래된 전통이라고 할 수 있다. 사실적으로 자연의 모습을 있는 그대로 표현하려 애쓰고, 장식적인 목적으로 디자인에 활용했던 시기가 있는가 하면, 자연에서 따온 모습을 선과 연속적인 형태로 구성한 아르누보라 불리는 예술 및 건축 분야에서의 움직임도 있었다. 근대에 와서는 자연의 여러 가지 형태를 기본적인 기하학적 형상으로 해석하여 재구성하는 입체파의 영향이 디자인과 건축에도 많은 영향을 주기도 하였다.

이러한 오랜 전통의 흐름을 이어 자연의 모습을 따라 하는 방식은 여러 가지 방식으로 적용되어 왔는데, 오늘날 공간 환경에 적용되는 '자연의 모습 따라 하기'는 생체모방건축이라고 불리기도 한다. 자연 생명체가 가지는 기능적 구조를 건축의 형태에 적용하거나, 자연의 유기체적 형태를 건축 매스에 적용하는 등, 디자인 개념에서부터 아이디어를 창조해 하나의 아이디어로 활용되어 자연을 모방하는 방법이 새롭게 등장하고 있다.

주요 디자인 이슈로는 무정형amorphous이라는 용어와 함께 비정형적이고 유기적인 형태로 디자인하는 것과 생체모방기술biomimicry로서 생명체가 가지는 자생적인 구조나 프로그램에서 아이디어를 얻는 것도 있고, 건축 공간만이 아니라 도시 공간까지 확장시킨 프랙탈fractal 패턴, 경관 생태학landscape urbanism 등이 있다.

과거 인류가 자연을 모방하려는 시도는 꽃이나 다른 식물의 형태를 기둥 장식이나 실내에 적용하여 곡선적이고 유기적인 형태의 아름다움을 보였으나, 현대에 시도되고 있는 자연의 모방은 좀 더 기하학적이거나, 현미경으로 보이는 세밀한 구조의 형태를 나타내고 있다.

이러한 모방의 하나로 프랙탈 조형원리를 이용한 디자인은 생명체에 나타난 일정한 패턴을 수학적으로 이해하고 활용한 것이다. 이것은 부분과 전체가 유사한 자기유사성 개념과 불규칙한 특징이 있고, 동시에 자연에 내재된 일관적이고 구조화된 질서의 특징도 포함하고 있다.

자연의 성장과정과 유기적 특성을 건축의 형태와 구조에 적용한 경우인 생체모방기술 개념은 베뉴스Benyus, 1997가 처음 정의하여 사용하였는데, 공간과 관련되어 반복되는 유기적 형태와 함께 이동이나 가변이 가능한 유연성, 시스템의 안정성, 에너지의 순환 등으로 표현되고 있다.

현대에 이르러 컴퓨터의 등장으로 '자연의 모습 따라 하기'는 공간디자인에 있어 형태의 단순한 모방이 아닌 새로운 가능성을 제공한다. 모던 건축의 표준화 개념과는 반대가 되는 형태의 뒤틀림, 왜곡 등의 변형을 도입하게 된 것이다. 왜곡된 공간은 회전, 전환, 그리고 변형하여 새로운 공간의 탄생을 모색하고 있는데, 건축의 표피에 많은 시도가 이루어지고 있다. 그린디자인은 이제 컴퓨터를 활용하여 형태에 파격적 디자인을 적극적으로 도입하고, 유기체의 자기생성적 프로세스를 적용한 하나의 시스템으로 공간디자인에 적용되고 있다.

***생체모방기술**

그리스어의 생명을 뜻하는 바이오bio와 모방mimesis의 합성어로, 베뉴스가 정의한 학문으로 자연에서 영감을 받은 혁신을 의미함

***프랙탈**

수학자 만델브로트Mandelbrot, 1975가 사용한 용어로, 우리 주변의 불규칙적이고 분열된 패턴들을 설명하기 위해 사용함

에덴 프로젝트, 콘월, 영국

Eden Project

공간을 디자인할 때 많은 디자이너들은 자연을 바탕으로 한 형태적 모티프를 활용하고 있다. 최근의 '자연의 모습 따라 하기' 흐름은 자연의 특성 중에서 유기적으로 연속적인 형태와 자생적 순환에 기초한 여러 시도들을 보여 주고 있다. 생명은 지속적이고 끊임없이 더해 가는 연속성이 있으며, 물이나 공기를 이용하여 에너지를 생산하고 활용하는 등 순환하는 특성이 있다.

이러한 특성을 건축적 디자인에 반영한 사례가 영국 콘월Cornwall의 에덴 프로젝트이다. 팀 스미트Tim Smit가 온실을 고안하고, 건축가 니콜라스 그림쇼Nicholas Grimshaw가 건설한 이곳은 이전에는 점토 채취장이었으나, 고령토 웅덩이에 온실 모양의 거대한 식물원으로 만들어 전 세계의 식물을 심고 관광지로 바꾼 프로젝트이다.

에덴 프로젝트는 형태적인 특성뿐만 아니라, 콘월에서 생산된 제품과 거주자들을 90% 채용하여 지역 경제성장에도 영향을 많이 미친 사례이다.

투명한 플라스틱으로 만든 벌집 또는 비눗방울 형태의 외관을 가진 각기 다른 크기의 바이옴biome으로 구성되어 있다. 바이옴 안에는 열대, 온대, 지중해, 사막 등의 자연환경이 조성되어 있다.

*바이옴

생태학에서는 생물과 이를 둘러싼 환경이 서로 밀접한 관계에 있다고 보는데, 바이옴은 1930년경 클레멘츠Clements가 제안한 용어로, 생물과 환경을 하나의 유기체로 보는 개념이다. 이후 생물과 무생물적 환경이 서로 상호작용하는 것을 생태계로 보는 등 생태학 개념이 발전하였다.

외관의 벌집 모양의 형태도 유기적으로 연속된 형태를 보여 주며, 각각 크기가 다른 돔들이 유기적으로 연결되어 있다.

에덴 프로젝트는 자연의 유기적 형태의 연속성과 자생적 순환성을 보여 주는 '자연의 모습 따라 하기'의 좋은 사례이다. 실제로 에덴 프로젝트는 자연을 체험하는 장을 제공하며, 환경 개념을 적용하여 빗물을 사용하고, 폐기물을 이용하여 시공되었다. 또한, 모든 제품을 재활용하여 실제적으로 쓰레기가 나오지 않는 등 형태적 접근과 더불어 실천적 자연 사랑을 보여 주고 있다.

워터 큐브, 베이징, 중국

Water Cube

건축과 토목, 방재 전문가 1백여 명으로 구성된 드림팀이 이루어 낸 중국 베이징의 워터 큐브는 2008년 베이징 올리픽을 위해 지은 국립수영센터이다. 특별한 표피적 디자인뿐만 아니라, 지역적·문맥적, 그리고 생태적으로 지속가능한 디자인으로 평가받고 있다. 건축물의 재질이 유리나 콘크리트가 아닌 불소수지ETFE라 불리는 플라스틱 공기 포장지로 되어 있어 베이징의 황사, 바람, 더위에 대응할 수 있도록 계획되었다. 자연물의 형태인 비누거품의 형상과 중국 전통의 천원지방天圓地方 사상을 함께 담은 디자인으로 베이징의 미래지향적 도시 이미지를 표현하고 있다. 또한, 태양에너지를 이용하여 전기가 공급되는 자연 친화적인 건물이기도 하다.

반투명 플라스틱과 같은 소재인 불소수지의 사용으로 일반 유리에 비해 빛이나 열의 투과율이 좋으며, 30%의 에너지 비용을 감소시켰다.

예술과 과학의 도시, 발렌시아, 스페인

The City of Arts and Sciences

예술과 과학의 도시 콤플렉스는 발렌시아Valencia 도시의 중요한 상징으로 미래지향적인 분위기를 갖고 있다. 건축가 산티아고 칼라트라바Santiago Calatrava가 디자인하였으며, 과학과 기술에 연관된 교육뿐만 아니라 엔터테인먼트까지 포괄할 수 있는 다양한 복합 공간으로의 역할을 하고 있다. 이 건물은 사람의 눈의 형태에서 형상을 응용하여 디자인된 사례로서 외관에 유기적 형태를 잘 살려 주목받는 건축물이 되고 있다. 예술과 과학의 도시는 크게 오페라 하우스, 과학박물관, 아이맥스 영화관과 식물원, 해양수족관, 가든의 6개 영역으로 구성되어 있다.

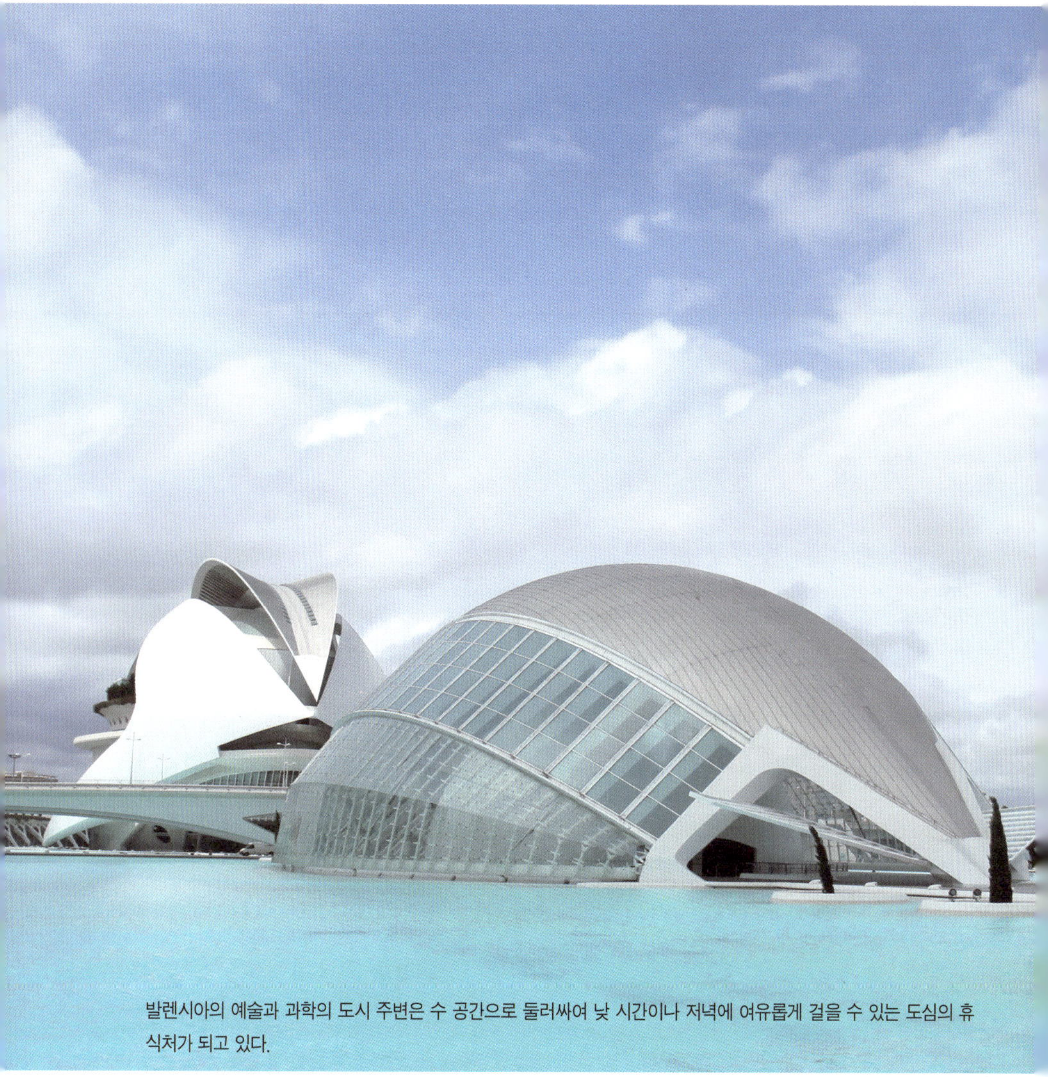

발렌시아의 예술과 과학의 도시 주변은 수 공간으로 둘러싸여 낮 시간이나 저녁에 여유롭게 걸을 수 있는 도심의 휴식처가 되고 있다.

빌바오 메트로, 빌바오, 스페인

Bilbao Metro

스페인 빌바오는 구겐하임 미술관과 더불어 유명한 빌바오 메트로 출입구의 독특한 디자인으로 알려져 있다. 영국 건축가 노먼 포스터$_{\text{Norman Foster}}$가 디자인한 것으로 입구 구조와 내부 공간에서 굼벵이가 연상되는 생체물의 형상을 따라 한 디자인을 찾아볼 수 있다. 빌바오의 곡면 유리 지붕 입구는 포스테리토스$_{\text{fosteritos}}$라는 애칭으로도 불리며, 철강이 많이 생산되는 빌바오의 지역 특징을 보여 준다.

유기적 형태를 가진 메트로 입구는 도시 공간 내 조형물과 같은 역할을 하고 있다. 특히, 조명효과로 매력적인 야경을 보여 준다.

컴퓨터를 활용한 디자인으로 보다 유기적 형태의 그리드를 공간에 표현할 수 있게 하였다. 빌바오 메트로 내부는 마치 생태구조의 일부분을 보는 듯한 형태미를 느낄 수 있다.

EMOTIONAL DESIGN

감성디자인

1. 감각을 깨우기
2. 마음을 위로하기
3. 일상에서 벗어나기
4. 느낌을 주고받기

4

우리는 살아가면서 많은 감정들을 느끼고, 다양하게 표현하는데 단지 효율성만을 찾아 계산하는 것이 아니라 본능적으로 인간 본연의 감성에 의한 선택에 이끌리게 된다. 따라서 사물이나 공간의 디자인에는 우리의 감성이 많이 투영되어 있으며 우리가 느끼지 못하는 많은 부분에서 우리를 자극하고 있다.

'장미'라는 단어를 생각할 때 시각적인 색의 이미지와 후각적인 향기의 이미지, 그리고 형태적인 이미지를 연상하게 된다. 또한, 장미에서 느껴지는 '사랑', '열정' 등과 같은 긍정적인 형용사들이 느껴지고, 장미와 관련된 과거의 추억이나 기억들이 함께 연상되기도 한다. 따라서 감성은 동일한 감각자극에 대해서 시간과 환경에 따라 다르게 나타나며, 사람의 개인적인 느낌이므로 그 내용을 명확하게 설명할 수 없는 모호성을 갖는다. 이러한 감성디자인의 표현은 개인이나 또는 다른 해석에 의해 다르게 제시될 수도 있다. 하지만 감성디자인은 다양한 자극을 통해 감성을 다양하고 풍부하게 만들어 주므로 다음과 같이 표현될 수 있다.

"Feel something"

감성은 다양한 시각에서 정의가 가능하고 구체적으로 설명하기는 어려우나 사전적 의미로 보자면 감성이란 외부의 물리적인 자극에서 발생되는 감각 또는 지각으로부터 인간의 내부에서 일어나는 고도의 심리적인 체험으로 감각적 자극이나 인상을 받아들이거나 경험을 수반하는 자극에 반응하는 마음의 능력을 말한다. 따라서 감성은 '감정'과는 차이가 있는데 감정은 대상이 없는 경우에도 발생하지만, 감성은 어떤 대상과 상호작용하는 과정에서 생기는 것이다.

감성디자인은 산업혁명 이후 더욱 효율적이고 성공적으로 소비자에게 어필하기 위해 '감성'에 주목하게 되었다. 과거에는 감성이 철학과 심리학에서 미학적$_{\text{aesthetics}}$ 측면으로 이루어졌으나, 최근에 이르러서는 감성을 과학적 실험과 평가를 통해 수치로 표현하고 제품이나 환경에 적용하는 공학 분야의 연구가 이루어지고 있는데 일본의 나가마치$_{\text{M. Nagamachi}}$가 그것을 감성공학이라고 명명하여 인간의 감성을 과학적으로 접근하여 학문으로 발달시켰다. 즉, 인간의 오감을 만족시킬 수 있는 조건을 연구하여 정신적·심리적으로 만족할 수 있도록 대상에 대한 분석, 그리고 미적인 형태에 대한 사용자의 감성적인 반응을 분석하여 디자인에 적용하는 것이다.

감성디자인은 사용자의 감성을 체계적으로 분석하여 그 결과를 제품이나 환경디자인에 적용하는 하나의 디자인 방법으로 사용자가 제품이나 환경으로부터 얻게 되는 감각정보와 기억에 축적된 이미지의 상호작용을 통해 얻어지는 정서적 반응을 측정하고 평가하여 사용자에게 만족을 주는 디자인을 이끌어 낸다. 이러한 감성디자인은 사람들에게 정서적 만족을 주기 위해서 감성에 중심을 두고 그 영역은 갈수록 확대되고 있다. 그리고 감성을 만족시키며 더 나아가 심리적 감동을 주는 디자인의 형태로 감성디자인은 공간의 이용가치를 높일 수 있으며 다양한 형태로 표현된다.

감성디자인에 관련된 여러 연구에서 다루어진 내용을 바탕으로 감성디자인의 주요 이슈들을 구분하여 본다면, 공간에 시지각적 요소들 예를 들면 빛이나 색, 질감 등을 통하여 감각을 자극하는 공간 만들기, 그리고 자연친화적인 요소들을 사용하여 오감을 체험하고 휴식과 치유의 효과까지 만들어 준다. 비일상적인 공간의 체험이나 탈스케일의 공간디자인은 일상에서 벗어나 특별한 체험들을 유도하여 새로운 감성 공간을 만든다. 또한, 감성디자인은 디지털과 융합되어 서로 소통하는 공간을 구성한다. 그러나 이러한 내용은 서로 완전히 구분되지 않고 연결되어 있으며, 다만 감성디자인의 이해를 돕기 위해 구분되었음을 밝혀 둔다.

감성디자인을 이해하기 위해 '감각을 깨우기', '마음을 위로하기', '일상에서 벗어나기', '느낌을 주고받기'의 4가지 관점에서 주요 개념과 함께 디자인 사례를 살펴보자.

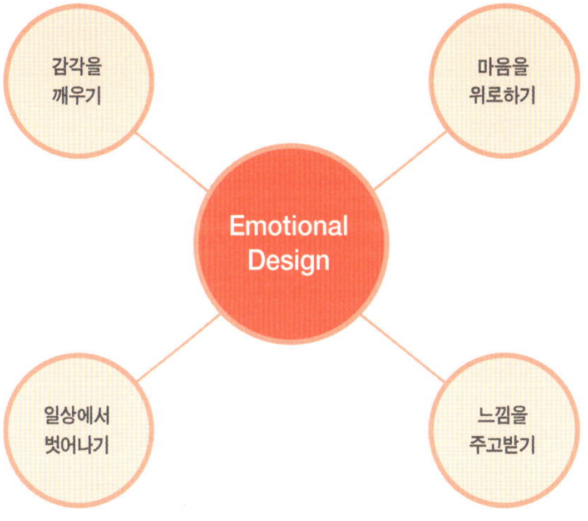

1. 감각을 깨우기

감성은 인간이 어떤 대상과 교감을 이룰 때 인간이 느끼는 감정이 복합적으로 나타나는 것으로 빛, 소리, 맛, 냄새 등의 오감을 만족하는 것이다. 이러한 오감을 만족시키기 위한 감성디자인은 감각적인 자극을 가해 인간이 반응을 일으키는 디자인으로 시각을 포함하여 촉각, 후각, 청각 등 다양한 자극으로 사용자의 반응을 유발한다. 그러므로 감성디자인의 접근방법 중 하나는 자극을 통해 오감을 체험하는 '감각을 깨우기' 이다.

'감각을 깨우기' 방식은 시지각적 요소인 빛, 형태, 질감, 색채 등을 이용하여 오감을 체험하도록 실내 공간을 구성하는 방법으로 표현될 수 있다.

빛과 색채는 시각적으로 쾌적한 환경을 만들어 주고, 인간의 심리적 반응에 영향을 끼치는 중요한 요소이다. 특히, 시각적인 표현은 쉽고 빠르게 감각을 자극하는 요소로 사용될 수 있는데, 색채의 경우 쉽게 지각하고 인지할 수 있는 요소로 색이 가지고 있는 상징적인 의미가 그대로 반영이 된다. 우리는 어떤 색을 보면서 자극을 받기도 하고, 차분해지기도 하며, 특정 상황이나 사물을 연상하기도 한다. 또한, 색에서 맛을 느끼거나 음을 느낄 수 있으며, 좋은 냄새를 음미할 수도 있다. 예를 들면 파랑은 차분하고 안정을 느끼게 되고 분홍이나 노랑을 공간에 사용하게 되면

생동감 있는 밝은 공간을 만들어 주게 된다. 오피스 공간에 포인트로 밝은 색을 사용하게 되면 딱딱한 사무 공간이 활기가 넘치고 재미있는 공간이 될 것이다.

빛은 자연적인 형태와 인공적인 형태로 표현될 수 있는데, 자연적인 빛의 형태를 공간 안에 잘 표현한 예로 르코르뷔지에Le Corbusier의 롱샹성당Ronchamp은 두꺼운 흰 벽 사이의 창을 통해 들어오는 빛은 공간 안에 은은하고 경건함을 느끼고 빛의 경이로움까지 느낄 수 있는 공간의 형태를 만들어 준다. 그리고 인공적인 형태의 빛은 다양한 형태로 감각을 자극하고 감성적인 공간으로 디자인될 수 있으며, 사람의 심리상태를 적용하여 공간을 변화시키는 감성 조명도 등장하고 있다. 따라서 이러한 빛은 사물의 지각뿐만 아니라 심리적 요소로 많은 영향을 끼치며 인간에게 따뜻하고 편안한 경험을 제공한다.

질감은 물체의 표면이나 재질에서 느껴지는 감각을 말하는데 이러한 질감 또한 공간의 용도에 따라 다른 재료들을 사용하여 공간에 새로움을 줄 수 있고, 마감재를 어떻게 사용하느냐에 따라 공간의 분위기가 변하고, 인간의 감성에 영향을 준다. 특히, 상업공간에서는 이러한 질감의 표현은 공간 연출을 위한 요소로 소비자의 감성을 자극하고 소비를 유도할 수 있는 중요한 요소이다.

이와 같이 공간디자인에 있어 '감각을 깨우기'는 시지각적인 요소들을 이용하여 감각들을 자극할 수 있는 다양한 방법들을 통해 사람들의 오감을 느끼고 체험할 수 있는 감성디자인으로 표현된다.

쿤스트하우스, 빈, 오스트리아

Kunst House

자연과 인간의 공존을 추구한 환경운동가인 훈데르트바서Hundertwasser는 오스트리아 빈 태생으로 오스트리아를 대표하는 건축가이자 화가이다. 도시의 삭막하고 기능주의적인 현대건축물이 사람들을 병들게 한다고 생각했던 훈데르트바서는 다양한 곡선의 형태와 색채로 도시에 즐거움을 주고 사람들의 감성을 자극한다.

훈데르트바서가 세운 미술관으로 카페, 레스토랑 등 인상적인 건물 외관의 모습과 다양한 형태의 곡선으로 이루어진 공간디자인은 보는 이에게 즐거움을 준다.

52가구의 주택과 5개의 상점이 있는 훈데르트바서의 쿤스트하우스는 다양한 색감을 느낄 수 있고, 어린이들의 동심의 세계를 표현한 듯한 감성을 전달한다.

오헤어 국제공항, 시카고, 미국

O'hare International Airport

시카고 도심에서 북서쪽으로 약 27km 떨어진 곳에 위치한 오헤어 국제공항은 연결 통로에 감성적인 조명디자인을 설치하여 시각적으로 다양하게 디자인되었다. 연속적인 이동에 따라 조명 색에 변화를 줌으로써 공간 안에 새로운 느낌을 주고 지나가는 사람들의 감각을 자극하여 다양한 공간 체험을 유도한다.

뉴욕 시내, 미국

감성디자인은 시각적 요소인 색채나 형태 등을 이용하여 감각을 자극하고 오감을 체험하는 공간을 만들어 낸다. 미국의 최대 도시인 뉴욕은 문화의 중심지로서 디자인에 있어서도 빠르게 변화하는 도시 중의 하나로 여러 공간에서 다양한 감성들을 자극하고 있다. 음식점의 경우 맛을 느낄 수 있는 색을 사용하고 아이들의 공감대를 형성하는 형태는 재미난 상상력을 만들어 준다.

뉴욕 유니온스퀘어 맥도날드_ 기존의 맥도날드 분위기와는 다른 감성적인 공간디자인으로 리모델링되었다.

뉴욕 맨해튼_ 외관의 색채는 오감을 느낄 수 있는 시지각적 요소로 디자인되었다.

뉴욕대학교 아파트 내 놀이터_ 아이의 감성을 자극할 수 있도록 자동차 모양의 놀이기구가 설치되어 있다.

이케아IKEA 자녀방_ 색채와 디자인이 아이들의 상상력을 잘 표현하였다.

뉴욕 엠앤엠m&m 초콜릿_ 타임스퀘어 북쪽에 위치하고 있는 미국의 대표 초콜릿 회사이다. 화려한 컬러와 귀여운 캐릭터들로 많은 사람들에게 인기를 얻고 있다.

2. 마음을 위로하기

도심 안에 미술관과 같은 문화 공간은 바쁜 도시의 일상 속에 잠시 휴식을 얻을 수 있는 장소로 인식되며, 과거의 추억이나 기억들을 상기시키는 공간의 요소들은 사람들에게 마음의 여유와 감동을 준다.

감성디자인의 '마음을 위로하기'는 오감을 체험할 수 있는 자연친화적인 요소들을 공간에 도입하여 공간에 활기를 주고 쾌적한 환경을 만들어 줄 수 있다. 이러한 표현방법은 자연친화적인 마감재나 생태적 오브제로 표현이 가능하다. 친근한 자연적인 공간디자인은 사람들에게 친밀하고 편안한 감성을 전달한다.

공간에 도입한 수水 공간의 연출 또한 시각적이고 청각적인 의미를 동시에 가지고 있어 사람들의 감성을 자극하고 체험과 참여를 유발하여 상호 교감하는 감성적 공간으로 거듭나는 방법의 하나로 사용되고 있다. 그리고 공간디자인에서 충분한 빛과 다양한 모양, 색의 조형물, 그리고 음악은 인간의 오감을 만족시키고 정신적으로 좋은 기분을 느끼게 해 주며 치유의 효과까지 가져온다.

시각적인 요소인 색은 심리적 온도감을 시각적으로 나타내고, 진출색과 후퇴색에 따라 공간이 넓어 보이거나 반대로 좁아 보이기도 한다. 따라서 같은 공간이라도 색에 따라 심리적으로 전혀 다른 공간으로 느껴질 수 있는 특징이 있다. 이처럼 색이 사람의 기분을 변화시킬 수 있으므로 컬러 테라피 등으로 심리적 치료를 위해 색을 이용하는 경우가 있다.

컬러 테라피를 이용하여 서울시에서는 범죄가 유발되기 쉬운 환경을 개선하는 범죄예방디자인 프로젝트를 통해 삭막한 도시의 사람들의 감성을 부드럽게 해 주고, 실제 주민들이 디자인에 참여하여 낙후된 공간을 활기차고 밝은 공간으로 만들었다. 이로 인해 기존보다 범죄가 많이 줄어들고 사람들의 공포, 두려움도 줄어들었다고 한다. 또 '서울색 컬러 컨설팅'을 통해 획일적인 학교 공간에 적합한 색채디자인을 하여 아이들이 감성을 키울 수 있고 학습능률도 높일 수 있는 공간으로 디자인하였다. 건물 곳곳에 배치된 색채디자인은 기발하고, 재치 넘치는 모습으로 보는 이에게 즐거움과 놀라움을 선사한다.

런던의 왕립어린이병원Royal London Children's Hospital에서 어린이를 위한 새로운 치료 공간으로 하늘의 정원을 표현한 실내 공간은 병원 안에 아이들이 동화 속에서 즐길 수 있는 느낌을 갖게 했고, 키네틱 카메라와 컴퓨터 언어로 제작된 대형 스크린에서는 아이들의 행동에 맞추어 무지개가 뜨고 날씨가 변하며 아이들이 동화 속에서 놀고 있는 듯한 경험을 준다. 기존의 병원과는 차별화된 감성 공간을 아이들에게 주는 새로운 시도라 할 수 있다.

감성디자인의 '마음을 위로하기'는 자연적이고 친근한 디자인으로 추억이나 기억들을 상기시키며 휴식과 마음의 여유를 느끼고 더 나아가 치유를 가능하게 하는 감성디자인의 하나의 표현방법이다.

***컬러 테라피**

색채치료로 음악치료나 향기치료 등과 같이 오감을 자극하여 정신적인 치료를 목적으로 사용됨

현대미술관 모마, 뉴욕, 미국

Museum of Modern Art, MoMA

뉴욕 맨해튼의 중심 53번가에 위치한 모마는 도시 안에서 다양한 예술 작품들을 감상할 수 있는 미술관이다. 이 미술관은 뉴욕의 도시에 어울리는 현대적인 외관을 가지고 있으며, 작품을 감상하는 재미와 함께 미술관의 공간 인테리어를 둘러보는 재미도 있다. 바쁜 도시의 일상 속에 잠시 휴식을 취할 수 있고 마음의 여유를 공감할 수 있는 장소이다.

1층의 야외 정원에서는 도심의 작은 휴식을 취할 수 있는 공간이 마련되어 있다. 야외에 전시된 조각품들을 감상하고 시원한 물과 나무들로 디자인된 공간은 관람객에게 새로운 공간적 여유를 제공한다.

지앤 아트 스페이스, 용인, 한국
Zien Art Space

예술과 삶이 만나 서로 대화하고, 창작하고, 체험할 수 있는 복합 문화예술 공간이다. 전시 위주의 일반 미술관과 달리 숲과 집들이 모여 있는 작은 마을 같은 분위기의 모습을 하고 있다. 도자기예술을 바탕으로 한 지앤 아트 스페이스의 '지앤ZIEN'은 흙, 땅, 대지를 뜻하는 한자어 '지地'와 열린 가능성을 이르는 영어 접속사 '앤드and'의 합성어이다. 흙으로부터 무한히 펴져 나오는 삶과 예술의 새로운 가능성이라는 의미를 담고 있으며 과거의 추억을 느낄 수 있는 공간이다.

서쪽 카페, 지하 레스토랑과 갤러리, 북쪽 스튜디오와 도자기 가마는 여러 모양으로 갈라진 외부 통로로 연결된다. 지앤 아트 스페이스는 여러 동선으로 연결되어 풍성한 이야기를 담고 있다.

각각 독립적인 기능을 가진 5채의 건물이 유기적으로 만나 하나의 공간을 이룬다. 마치 작은 마을에 온 듯 옛 골목길을 연상시키며, 계절의 변화에 따라 다양한 모습을 보여 준다.

건물과 건물 사이에 생긴 공간은 연못이지만 식물과 조각물로 인해 정원이 되기도 하고 야외 전시장도 된다.

컬러 테라피
Color theraphy

범죄예방 프로젝트: 서울시 마포구 염리동

범죄예방을 위해 어둡고 위험한 골목길 등 범죄가 유발되기 쉬운 환경을 개선하여 밝고 아름답게 꾸미는 운동이 일어나고 있다. 삭막한 사람들의 감성과 정서를 부드럽게 해 주는 디자인과 예술을 범죄예방에 응용할 수 있다는 점에 착안하여 서울시에서 마련한 것이 범죄예방디자인 프로젝트이다.

범죄예방디자인$_{\text{CPTED, Crime Prevention Through Environmental Design}}$은 디자인을 통해 범죄심리를 위축시키고 범죄 발생 기회를 사전에 차단하고 예방하는 디자인을 말한다.

'소금지킴이 집'은 주민들이 위급한 상황에 처했을 때를 대비해 마련한 공간으로 대문을 노란색으로 칠하고 밤에도 조명으로 입구를 밝게 하였다.

마포구 염리동은 과거 마포나루를 통해 소금을 운반하기 위해 소금창고가 많았던 곳이어서 소금을 주제로 한 운동 공간인 소금길 조성, 소금지킴이 집 운영 등 다양한 디자인 프로젝트가 시행되었다.

어두운 분위기의 낙후된 집 담벼락을 전문 디자이너와 주민들의 자발적 참여로 골목 분위기를 밝고 화사하게 변화시켜, 사람들에게 친밀하고 편안한 감성공간으로 만들었다.

골목길은 지역주민들이 자연스럽게 모이는 커뮤니티 공간으로 변하고, 평범했던 계단에도 색채디자인을 통해 활기를 주어 범죄예방에 효과적이다.

학교 환경 개선을 위한 서울 색 컬러 컨설팅

아이들이 하루의 절반 이상을 보내는 학교는 아이들의 상상력을 키우기엔 역부족이다. 서울시에서 이런 학교를 대상으로 컬러 컨설팅을 시작했다. 학생식당이 있는 층은 입맛을 돋워 주는 주황색을, 아이들이 자주 오가는 통로에는 화사하고 유쾌한 그래픽이 더해졌다. 이러한 공간의 변화로 아이들의 문제행동도 나아졌다는 평가를 받고 있다.

디자이너 이성표의 재능기부에 의해 직접 디자인한 그림이 그려지고 있다. 유쾌한 캐릭터들로 인해 아이들의 상상력을 키워주고 즐거운 학교의 모습으로 변화되었다. ⓒ 이성표

3. 일상에서 벗어나기

감성디자인은 공간디자인에서의 단순한 행위나 활동을 넘어 이전에 경험해 보지 못한 새로운 자극을 구성함으로써 공간을 활성화시키게 되는데 '일상에서 벗어나기'의 디자인 이슈는 유희적 형태와 비물질적인 경험의 형태로 표현된다. 특히, 감각적인 원색을 사용한 오브제, 혹은 공간 내부는 방문자의 감성을 자극시켜 강한 인상을 부여하면 그 공간의 특별함이 부각되며, 공간을 이용하는 사람이 다양한 감성 공간을 통해 새로운 기대감과 방향을 제시하며, 움직임을 유도하고 흥미를 만들게 된다.

'일상에서 벗어나기' 디자인 이슈는 예상하지 못한 새로운 형태의 공간디자인으로 사람들에게 호기심과 새로운 감동을 전달한다. 이는 공간에 대한 의미와 상징성을 형성해 사람들에게 만족과 즐거움을 동반하며 이러한 상징성은 사회와 문화를 반영하는 특징을 갖기도 하는데, 해학적 표현으로도 자주 등장한다.

공간에서 인간의 감각을 통해 지각되는 스케일scale감은 건물에 특성을 부여하고 미적 요소로 적용할 뿐만 아니라 상징적인 의미를 전달하기도 한다. 그리고 탈스케일의 공간은 사람들에게 즐거움을 주기도 하지만, 감성을 자극하는 강한 인상으로 공간 안에 장소성을 부여하기도 한다. 완벽한 비례나 조화에서 오는 아름다움보다는 비일상적인 공간은 상징적이고 즐거움을 유도하기도 한다. 따라서 '일상에서 벗어나기'의 디자인 방법으로 공간의 왜곡 및 사실적 스케일의 탈피로 인한 과장된 표현은 비일상적인 체험을 유도한다.

공간디자인의 개념으로 건축에서는 '해체주의deconstruction'라는 전통적인 건축의 형태로부터 벗어나 수직, 수평으로부터의 탈피를 통하여 왜곡을 일으켜 새로운 건축개념을 형성하였다. 따라서 보기에는 다소 파괴적이고 미완성되어 보이는 경향이 있고, 외부와 내부와의 연계성으로 어디까지가 외부이고 어디까지가 내부인지에 관하여 명확하게 구분하기 어렵다. 그러나 해체주의 건축은 사용자와 공간 구성의 모든 요소들 간의 관계에 의해 변화가 가능하며 융통성 있는 내용을 담고 있다.

대표적인 해체주의 건축가로는 프랑크 게리Frank Ghery를 들 수 있는데 그의 작품들은 개방적이면서도 끊임없이 변화를 추구하여 다양한 스케일감의 변화로 공간과 형태를 해체하고 상징적인 공간의 형태를 만들어 내고 있다. 또 '환유의 풍경'이라는 주제로 당선된 자하 하디드Zaha Hadid의 건축물 '동대문 디자인 플라자'는 층을 구분 없이 만들어 물이 흐르는 듯한 유연한 곡선의 형태로 유동적인 느낌을 준다.

'일상에서 벗어나기'의 또 다른 방법으로 예술과 기업 간의 협동작업으로 만들어지는 브랜드의 경우, 제품뿐만 아니라 실제 상업 공간에도 디자인 참여가 이루어져 새로운 공간의 형태로 사람들에게 즐거움을 주고 있다. 이처럼 감성디자인의 '일상에서 벗어나기'는 새로운 형태의 공간디자인으로 일정한 형태와 규칙이 없고 다양한 모습으로 전개되고, 공간을 접하는 사람들에게 비일상적인 체험으로 호기심과 감동을 준다.

웹 브리지, 맬버른, 호주

Webb Bridge

빛을 이용하여 공간을 지각하고 체험하게 되는데, 빛은 사물의 형태에 음영을 만들어 내고 형태에 변화를 주어 인상적인 느낌을 주기도 한다. 또한, 빛은 신재료와의 결합 및 빛의 화려한 표현기법을 통하여 공간에 새로움을 주고 재료의 성질이나 공간에 놓인 오브제는 빛에 의해 더욱 두드러진다. 이러한 빛을 이용한 호주 맬버른의 야라강Yarra River을 가로지르는 웹 브리지는 빛을 통하여 공간과 형태의 변화를 줌으로써 고정된 공간에 움직임을 부여한다. 낮에는 햇빛에 의해 만들어진 음영이 바닥에 새로운 이미지들을 만들어 내고, 밤에는 조명에 의해 공간의 형태가 더욱 부각되어 다양한 감성 공간으로 변한다.

재료의 표면에 나타난 텍스쳐texture는 빛에 의해 부각되며 바닥에 새로운 패턴patten을 형성해 공간의 이미지를 완성한다.

그리드형으로 이루어진 파사드의 볼륨감이 공간 내부의 조명으로 강조되며, 그리드형 표피가 조명에 의해 부각되어 표현되고 있다.

41 쿠퍼 스퀘어, 뉴욕, 미국

41 Cooper Square

미국 뉴욕시에 있는 교육기관 쿠퍼 스퀘어는 자유로운 교육을 제공해야 한다는 정신을 기반으로 예술, 건축, 기술, 교육 분야에서 진보적이고 혁신적인 중심지로서 신규 아카데미 건물인 41 쿠퍼 스퀘어를 건립했다. 독특한 외관의 모습과 실내 공간디자인은 공간을 이용하는 사람들에게 비일상적인 경험과 즐거움을 유도한다.

건물의 외관은 구멍이 뚫린 스테인리스 스틸 스킨으로 싸여져 있으며, 이러한 독특한 입면은 빛과 그림자가 서로 엉켜 독창성을 표현한다.

로비의 입구에는 폭 6m의 중앙계단으로 사람들을 집중시키고 학생들이 모여서 대화를 나눌 수 있는 만남의 장소가 되고 있다.

1층에는 투명한 유리와 노출 콘크리트 기둥이 설치되어 건축의 구조적 아름다움을 표현하고 있다. 투명한 입면으로 지나가는 사람들에게 호기심을 주게 되고 건물로의 유인을 이끈다.

루이뷔통, 뉴욕, 미국
Luis Vuitton

예술가와 브랜드 간 콜라보레이션$_{\text{Collaboration}}$은 예술가에게는 자신의 작품을 대중적으로 알리고 브랜드에 있어서는 예술가와의 공동작업을 통해 상품, 그 이상의 가치를 만들기 때문에 의미 있는 일이다. 디자이너와의 콜라보레이션은 단순히 제품디자인의 변형에 그치는 것이 아니라 브랜드 전체에 변화를 가져오고 소비자들에게 새로운 즐거움을 주고 현대예술 전반에 있어서도 의미 있는 변화를 가져온다.

***콜라보레이션**
사전적 의미는 공동작업, 협력, 합작이라는 뜻으로 이종기업 간의 협업을 뜻함

루이뷔통$_{\text{Louis Vuitton}}$ 외관_ 도트의 여왕이라는 일본의 전위예술가 쿠사마 야요이의 합작품이다. 쿠사마 야요이는 끝없이 증식 반복되는 물방울 무늬$_{\text{polka-dots}}$를 회화, 일명 '땡땡이 그림' 으로 유명한 작가이다.

독특한 건물의 외관의 모습과 재미 있게 전시된 메인 스토어 앞에서는 지나가는 사람들의 걸음을 멈추고 보는 재미를 더하고 있다.

MIT 래이 앤 마리아 스타타 센터, 보스턴, 미국
MIT Ray and Maria Stata Center

2004년에 완공된 MIT 대학교의 래이 앤 마리아 스타타 센터는 프랭크 게리Frank Gehry가 설계한 작품이다. 프랭크 게리가 직접 "술 취한 로봇들이 함께 축제를 벌이는 모습a party of drunken robots go together to celebrate"이라고 말했을 정도로 기존의 MIT 건물들과는 다른 독특한 형태를 가지고 있다. 규칙과 질서에 얽매이지 않는 자유로운 형태를 표현하고, 역동적인 모습은 건물이 하나의 예술작품으로서의 의미를 가진다.

입체감이 살아 있는 외형과 창문의 모습이다. 마분지 상자를 찌그러트린 듯한 독창적인 외관을 표현하였다.

복도 곳곳에 칠판을 배치하여 어느곳에서나 연구를 계속할 수 있게 하였고, 칸막이 벽은 사용자가 마음대로 변형시킬 수 있다.

4. 느낌을 주고받기

공간에서 감성을 느끼기 위해서는 체험이 중요한 요소로 부각되고 있는데 이러한 체험은 정보화 기술에 기반을 둔 새로운 공간에 빛, 색상, 소리, 재질 등을 통해 인간의 감각을 자극시켜 인간과 공간을 연결하는 커뮤니케이션communication 통로로 기능하게 된다.

공간디자인이 고정된 하나의 행동 패턴에만 적합하도록 이루어지는 경우는 거의 없으며, 공간 이용자에 의해서 공간은 시간에 따라, 또 그들이 원하는 목적에 따라 다른 행동 패턴을 구성할 수 있다.

오늘날 소비자들은 상품의 인식과 구매행동에 있어 브랜드와 상품을 직접 느껴 보고 그로부터 얻을 수 있는 가치를 판단하고자 하는 경향이 뚜렷해지고 있다. 따라서 기업에서는 상품과 브랜드, 기업을 실제로 경험하게 되는 매장 공간은 기업과 고객이 만나는 접점 공간이며, 그 공간 안에서의 체험이 구매결정에 큰 영향력을 주기 때문에 소비자와의 다양한 방법의 커뮤니케이션을 통해 상품을 체험하게 하고 이러한 체험을 유도하기 위해 공간디자인에도 관심을 두고 있다. 이러한 공간 체험의 하나의 방법으로 '플래그십 스토어flagship store'라는 공간이 등장하게 되고, 이 공간은 기업의 이미지를 홍보하고 제품에 대한 체험과 서비스를 제공하여 소비자들에게 흥미를 유발시키고 새로운 경

*플래그십 스토어
제품을 전시하거나 물건을 판매하는 용도로 기업의 이미지를 홍보하고 제품에 따라 체험과 서비스를 제공함

험을 안겨 주는 체험 공간이라고 볼 수 있다. 그리고 공간에 다양한 행위를 지원하기 위해 구조를 쉽게 변화시킬 수 있는 방법들을 사용하며, 디지털 기술을 통해 공간은 공간이 가지는 본래의 특성에 의미를 두기보다는 인간과 맺는 관계 속에서 체험되는 것을 중요한 요소로 의미를 가지게 된다.

인간이 새로운 경험과 체험을 통해 공간과 소통할 수 있는 감성디자인의 네 번째 이슈 '느낌을 주고받기'는 공간과 공간의 자연스러운 연결과 동선의 유도로 연속적인 경험과 시간의 흐름에 따른 다양한 감성을 유발할 수 있다. 또한, 공간에 다양한 디지털 벽면의 연출로 독특하고 새로운 경험을 체험하고 유머러스한 장면을 통해 이용자의 시점에 따라 연속적으로 변화하는 환경으로의 몰입을 유도할 수 있다. 예를 들면 아이들의 감성을 자극하는 뉴욕의 디즈니 숍은 1층에서 2층으로 연결되는 에스컬레이터 옆 벽면에 디지털기술을 이용해 다양한 스토리들을 만들어 사람들의 이동을 자연스럽게 유도하고 있다.

인간은 공간에서 감각적 자극을 바탕으로 새로운 정보를 제공받고 새로운 방법으로 커뮤니케이션을 시도할 수 있다. 예를 들면 2012년 밸런타인데이, 뉴욕에 설치된 하트조형물은 센서에 손을 대면 LED 조명이 더 환하게 빛나 시민들에게 큰 즐거움을 주었다. 이것은 단순한 조형물의 개념을 넘어서 시민과 소통하며 사람들의 감성을 충분히 자극한다.

따라서 체험적 요소를 적극적으로 도입한 '느낌을 주고받기'의 감성디자인 이슈는 공간 안에 디지털 기술을 이용하여 사람들에게 체험을 유도하여 감성을 자극하고 서로 소통하는 새로운 공간의 형태로 인지하게 되는 것이다.

하나은행 플래그십 스토어, 서울, 한국

Flagship Store

하나은행 플래그십 스토어는 첨단 IT와 감성적인 공간디자인으로 외관의 모습은 전통적인 재료와 첨단 재료인 LED가 조화를 이루고 건물에 들어서는 방문객들과 건물 외관 전체가 상호작용이 이루어지도록 디자인되었다. 이곳은 제품에 대한 체험과 서비스를 제공하며 디지털상에서 서로 소통할 수 있는 새로운 경험의 공간이다.

고객의 출입으로 나뭇잎이 흔들리듯 반응하는 요소를 도입하여 LED 조명 등의 깜박거림과 나뭇잎의 움직임 때문에 커다란 나무처럼 표현되었다.

기업의 브랜드 성격과 이미지를 차별화한 감성적인 문화체험 공간으로, 방문객에게 이산화탄소 감소가 시급한 지구촌 문제임을 인식시키기 위하여 디지털상에서 나무 캐릭터를 키우면서 재미를 통해 실감할 수 있고, 이를 위하여 기부활동까지 할 수 있도록 하고 있다.

밀레니엄 공원, 시카고, 미국

Millennium Park

밀레니엄 공원은 시카고의 중심가에 있는 공원으로 리차드 데일리Richard M. Dalay가 계획하여 2004년에 완공되었다. 이 밀레니엄 공원은 다양한 건축문화 기념조각품과 그 주변 풍경이 어우러진 공원이다. 도시의 공간 안에 단순한 조형물이 놓여진 공원이 아니라 사람들과 서로 소통할 수 있는 감성 공간으로 현대의 과학 기술과 예술이 접목이 된 공간이다.

시카고 도심의 고층 빌딩을 배경으로 다양한 방문객들의 모습을 비추는 인터랙티브한 스테인리스 스틸 조각품인 구름의 문Cloud Gate이다. 이 조형물을 통해 이곳을 지나는 사람들의 표정을 읽을 수 있는 소통의 장으로 인상적이다.

시카고 시민의 1천 명의 얼굴로 만들어진 크라운 분수Crown Fountain이다. 이 분수는 스페인의 기념 예술가인 하우메 플랜사Jaume Plensa가 디자인한 분수로 거대한 얼굴의 입에서 분수가 나와 광장은 방문객들의 물놀이터가 된다.

타워의 꼭대기에서 폭포처럼 물이 흘러내리며, 두 기둥이 마주 보는 양 측면에 설치된 LED 스크린을 통해 자연의 이미지와 익명의 시카고 시민 1천 명의 얼굴 동영상이 보이고, 스크린 속 사람의 입을 통해 실제로 물이 뿜어져 나온다. 노즐을 통해 쏟아지는 물줄기가 영상 이미지와 결합하여 즐거운 효과를 내어 과학기술과 예술의 만남을 표현하였다.

애플스토어, 뉴욕, 미국

Apple store

전자제품으로 유명한 회사 애플Apple은 감성적인 디자인으로 인기를 끌고 있다. 제품디자인뿐만 아니라 스토어의 공간디자인 또한 사람들과의 감성을 주고받는 소통의 공간으로 변화하였다. 『애플스토어를 경험하라』의 저자 카민 갤로Carmine Gallo는 애플스토어의 성공 요인으로 '소비자들의 경험'에 주목하여, 매장 내 제품과 인테리어를 심플하게 디자인하고 세련됨을 강조하는 유리벽 인테리어로 애플스토어를 찾게 만드는 요인 중의 하나라고 말한다.

애플 회사의 로고가 그려진 투명한 유리큐브 앞은 만남의 장소로 인기를 얻고 있으며, 원형 모양의 엘리베이터와 나선형 계단을 이용하여 가게 안으로 사람들을 유도하고 있다.

디즈니 숍, 뉴욕, 미국
Disney Shop

소비자와의 다양한 방법의 커뮤니케이션을 통해 상품을 체험하게 하는 뉴욕의 디즈니 숍은 디즈니 캐릭터의 상품이나 문구, 액세서리, 과자 등을 선보이고 있다. 이곳을 방문하는 사람들은 동화 속의 캐릭터들을 직접 만져보고 상상의 이야기를 펼칠 수 있는 장소이다. 특히, 디지털기술을 이용하여 사람들의 감성을 자극하고 서로 소통할 수 있는 공간이다.

아이들의 동심의 세계를 자극하는 디즈니 숍은 동화 속에서 나오는 많은 이야기들을 실제 모습으로 담고 있다.

에스컬레이터를 이용하면서 한쪽 벽면의 영상들이 재미있는 스토리를 만들어 공간을 이용하는 사람들의 감성을 자극하고 디지털 기술을 이용하여 서로 소통할 수 있는 공간의 장을 마련한다.

UNIVERSAL DESIGN

유니버설디자인

1. 빨리 발견하고 쉽게 이해하기 인지성
2. 쉽게 다다르기 접근성
3. 잘 다루기 사용성
4. 실수를 줄이고 쉽게 복원하기 안전성

5

다수의 사람들이 불편 없이 사용하고 있는 환경과 제품이 누군가는 사용하기 어렵거나 사용할 수 없는 환경과 제품일 수 있다. 왼손잡이, 신체적 역량이 부족한 노약자, 키가 작은 어린이와 여성 등을 포함한 모두가 편리하게 사용할 수 있는 환경과 제품을 지향하는 것이 바로 유니버설디자인이다.

우리 주변에서 흔히 볼 수 있는 가위도 대부분 오른손잡이가 사용하기 편하도록 디자인되어 있으며, 셔터가 오른쪽에 있는 카메라도 오른손잡이 위주의 디자인이다. 이처럼 우리 주변의 많은 제품과 서비스들이 다수가 인지하지 못하는 불편함을 소수에게 주고 있다. 유니버설디자인은 특정 사용자를 위한 전용 디자인이 아니다. 예를 들어 왼손잡이를 위한 가위는 유니버설디자인을 적용한 제품이 아니다. 왜냐하면 왼손잡이를 위한 가위는 오른손잡이 사용자가 사용하기에는 불편하기 때문이다. 왼손잡이와 오른손잡이 모두가 편리하게 쓸 수 있는 가위는 유니버설디자인을 적용한 제품이다. 이렇듯 신체적 약자나 소수만을 배려하는 것이 아닌 모두를 배려한 디자인이 유니버설디자인이다.

"All for us"

유니버설디자인의 개념은 1970년 미국 노스캐롤라이나 주립대 교수였던 로날드 메이스Ronald Mace가 처음으로 제창하였고, 그는 유니버설디자인을 "모든 제품과 환경디자인에 있어서 인간 능력이 광범위하게 분포되어 있는 사실을 인식하고 이를 존중하며, 이를 수용하기 위해 시도하는 디자인 개념 또는 철학"이라고 정의했다.

이후 유니버설디자인의 발달에 선두적인 역할을 해 왔던 '유니버설디자인센터Center for Universal Design의 전문가 10인은 공평한 사용equitable, 사용상의 융통성flexibility, 간단하고 직관적인 사용simple and intuitive, 쉽게 인지할 수 있는 정보perceptive information, 오류에 대한 포용력tolerance for error, 적은 물리적 노력low physical effort, 접근과 사용을 위한 크기와 공간size and space for approach and use의 7가지 디자인 원리를 제시하였다. 그러면서 유니버설디자인은 건축과 제품뿐만 아니라 환경디자인 등 다양한 영역에서 광범위하게 활용되기 시작하였다.

유니버설디자인의 7가지 원리가 전달하고 있는 키워드를 살펴보면 사용성(공평성, 융통성, 명료성, 용이성), 인지성, 접근성, 안전성의 4가지로 분류할 수 있다. 유독 사용성에 관한 원리를 많이 제시한 것은 사용하는 행위가 대상별, 목적별로 다양하기 때문일 것이다. 이렇게 재분류한 키워드를 목적을 달성하기 위한 행위의 순서로 살펴보면 유니버설디자인 원리의 이해가 더욱 쉽다. 우리가 무언가 목적을 달성하기 위해서는 첫 번째로 목표물이 어디에 있는지 알아볼 수 있어야 하고, 다음으로 목표물이 있는 곳에 쉽게 닿을 수 있어야 하며, 사용하는 데 문제가 없어야 하며, 사용 후에 일어나는 실수를 줄일 수 있어야 한다.

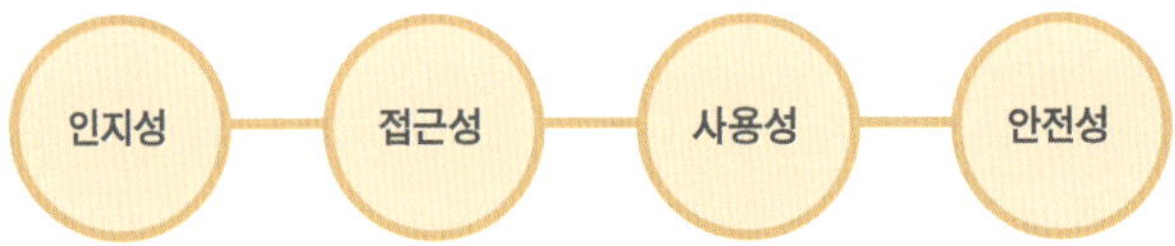

첫째, 인지성, 쉽게 인지할 수 있는 정보를 제공한다.

둘째, 접근성, 접근과 사용을 위한 충분한 크기와 공간을 제공한다.

셋째, 사용성, 사용하는 데 차별이나 불편이 없어야 하고 사용법을 쉽게 이해할 수 있어야 하며, 많은 힘을 들이지 않고도 사용할 수 있어야 한다.

넷째, 안전성, 발생할 수 있는 실수를 감안하고 안전을 고려한다.

우리나라에서는 1997년 장애인 편의시설을 법제화한 편의증진법이 시행되면서 휠체어 통행로와 전용 엘리베이터 등이 설치되는 등의 유니버설디자인이 시작되었다. 이를 시작으로 정부기관뿐만 아니라 한국장애인복지협회나 기술표준원 등에서 유니버설디자인을 위한 기본적인 기준들을 다음과 같이 제시하였다.

- 장애인, 노인, 임산부 등의 편의증진 보장에 관한 법률 시행규칙(보건복지가족부, 1997)
- 장애인 편의시설 상세표준도(보건복지부, 1998)
- 장애인 주거환경개선 매뉴얼(한국장애인복지진흥회, 2000)
- 고령자 배려 주거시설 설계치수 원칙 및 기준: KS P 1509(한국표준협회, 2006)
- 교통약자 이동편의시설 설치 관리 매뉴얼(건설교통부, 2007)
- 노인가구 주택개조 매뉴얼(건설교통부, 2007)
- 서울특별시 교통시설 설치 및 관리 매뉴얼(서울특별시, 2009)
- 유치원, 초·중학교 장애인 편의시설 설치 매뉴얼 및 사례집(교육인적자원부, 2007)
- 장애물 없는 생활환경 인증제도 매뉴얼 건축물편(한국장애인개발원, 2007)
- 장애인 편의시설 설치 매뉴얼(건국대학교, 2010)
- 고령자와 장애인의 요구를 반영하기 위한 규격 개발자 지침: KS A ISO/IEC Guide 71(기술표준원, 2007)

1. 빨리 발견하고 쉽게 이해하기 인지성

도심에서 원하는 장소를 찾아가기 위해 건물의 간판을 찾다 보면 간판의 다양한 크기와 색깔, 여러 가지 서체 때문에 원하는 곳을 찾는 것이 결코 쉽지 않은 경우가 많다. 유니버설디자인의 인지성은 이러한 어려움을 최소화하는 것이다. 즉, 표지판의 유형과 목적에 맞게 형태와 크기를 통일하고 글씨와 배경을 확실하게 차별하여 글씨의 가독성을 높여 주는 방법 등을 이용하여 원하는 목표를 빨리 찾고 쉽게 이해하는 것이다.

유니버설디자인의 인지성을 달성할 수 있는 방법들은 다음과 같다. 전달해야 할 정보가 있을 때는 이를 1가지 수단으로만 전달하지 않고, 그림, 도표, 영상, 빛, 신호, 음성, 진동 등의 다양한 수단으로 전달하여 시각이나 청각에 문제가 있더라도 사용에 필요한 정보를 확실하게 알 수 있도록 한다. 손잡이, 스위치, 조작부, 표시부, 가동부 등은 확실히 구분하여 사용하는 데 혼동이 없어야 한다. 안경, 보청기, 수화, 맹인견 등을 사용하여 시력이나 청력의 장애를 도울 수도 있다.

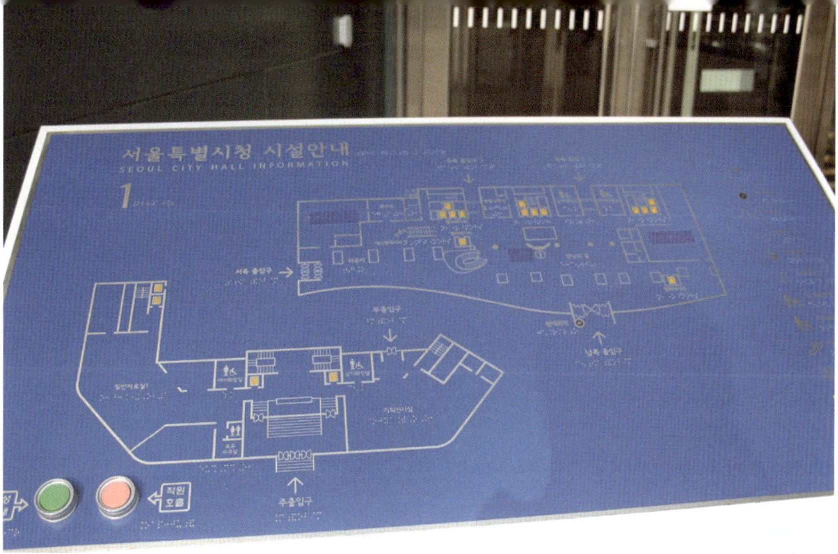

서울특별시청은 그림, 문자, 점자, 음성을 이용하여 시설의 위치에 대한 정보를 전달하고 있다. 시각, 청각이 떨어지는 사람뿐만 아니라 글을 읽지 못하는 사람들도 쉽게 길에 대한 정보를 파악할 수 있다.

서울특별시청 로비의 무인안내시스템_ 휠체어 사용자나 어린이들도 사용할 수 있도록 낮은 위치에 설치되어 있으며, 그래픽, 문자, 음성을 통해 정보를 전달하고 있어 시각장애인이나 청각장애인들도 원하는 정보를 쉽고 빠르게 얻을 수 있다.

서울 성북구청 건물 입구에 종합안내센터를 배치하여 건물에 진입하자마자 원하는 장소를 찾을 수 있도록 하였다.

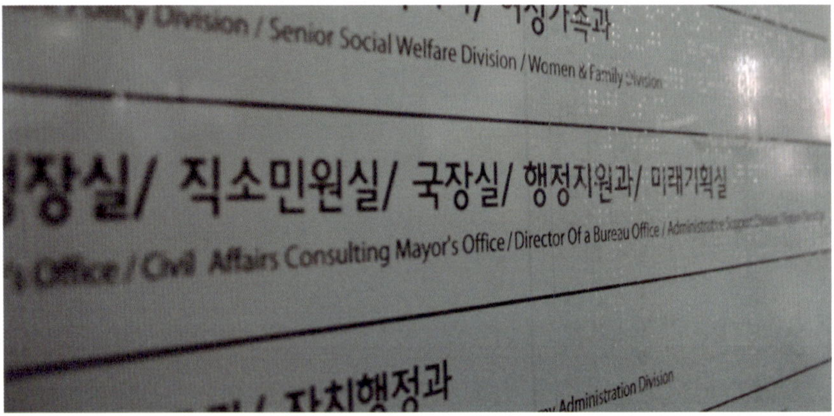

서울 성북구청은 건물 층별 안내를 문자뿐만 아니라 점자로도 전달하여 시각장애인들을 배려하고 있다.

서울특별시청은 길 안내 표지판을 통해 필요한 정보를 시각적으로 알기 쉽게 전달하고 있으며, 특히 휠체어 사용자를 배려하고 있다.

일본 하마마츠시 소화전 맨홀_ 선명한 색깔과 그림으로 맨홀 뚜껑을 디자인하여 소화전이 바닥에 매입되어 있다는 것을 누구라도 한눈에 알아볼 수 있도록 하였다. ⓒ 최령

일본 하마마츠시 지하철 주변 안내도_ 선명한 색깔과 문자로 구역을 표시하여 원하는 장소의 위치를 쉽게 파악할 수 있도록 하였다. ⓒ 최령

캐나다 휘슬러 빌리지는 주변과 대비되는 색과 통일된 문자를 이용한 사인 디자인sign design을 이용하여 원하는 장소를 쉽게 찾을 수 있도록 도와준다.

장소의 성격에 어울리는 그래픽을 이용하여 장소의 특징을 설명함과 동시에 주변과의 차별을 이루어 눈에 띈다.

서울시 길 안내 지도_ 현재의 위치와 동서남북의 주요 시설에 대한 간략한 설명으로 위치를 쉽게 파악할 수 있고 진로 방향을 빠르게 정할 수 있다.

서울 강남역 지하도_ 사람들은 지하 공간에서는 방향에 대한 인지가 줄어들어 표지판의 지시에 전적으로 의존하게 된다. 지하철 역의 출입구 번호를 명확하게 안내하여 원하는 입구를 찾을 수 있게 도와준다.

2. 쉽게 다다르기 접근성

유모차를 밀고 지하철이나 버스를 타는 것은 물론이고 집 주변 산책만 나가 보아도 바퀴 달린 이동수단으로 거리를 다니는 것이 그리 수월하지 않다는 것을 쉽게 느낄 수 있다. 길을 건널 때마다 도로와 보도블록의 차이를 극복하기 위해 유모차 앞바퀴를 들어 올려야 하고, 한 층만 오르거나 내려가더라도 장시간 엘리베이터를 기다려야 한다. 이러한 통행의 불편함은 유모차 사용자뿐만 아니라 자전거, 휠체어 이용자 모두에게 해당한다. 또 비가 오는 날 차에서 내리는 잠깐의 순간에 옷이 비에 젖는 경험은 누구나 해 보았을 것이다. 주차장과 건물 간의 이동경로에 지붕이 씌어 있다면 이러한 불편함은 쉽게 해결할 수 있고 건물로의 접근을 더욱 쾌적하게 해 줄 것이다.

유니버설디자인의 접근성은 이러한 불편함을 최소화하는 데 목적이 있다. 사용자가 목표물로의 이동 시 장애물을 만나서는 안 되며, 다양한 신체 형태와 크기, 기능 등의 조건에 대응해야 한다. 제품을 사용하기 위해 필요한 보조장비나 도우미를 위한 공간을 확보해야 한다. 사용뿐만 아니라 휴대, 보관, 수납까지도 고려하여 이러한 행위가 용이하도록 적당한 크기와 형태를 이루어야 한다.

서울 광화문 광장에는 어린이나 노약자를 포함한 모든 사람이 안전하게 계단을 이용할 수 있게 노와수는 안선바에는 시각장애인을 위한 안내 표지가 있다. 자전거 경사로를 설치하여 자전거 이용자도 계단을 쉽게 오르내릴 수 있도록 배려하였다.

서울 광화문 광장, 서울 성북구청_ 노란색 점자 유도블록이 시각장애인을 건물의 출입구 또는 원하는 목적지까지 안전하게 안내하며, 안전하고 편리한 진출입을 위해 자동문을 설치하였다.

서울 성북구청_ 외부 공간에서 민원실로 직접 진입할 수 있는 엘리베이터는 이용자들의 혼돈을 줄여 주고 편리한 접근을 지원한다.

서울 성북구청_ 어린이집으로 진입하는 입구에 안전한 경사로를 설치하여 유모차와 휠체어의 편리한 접근을 도와준다.

서울특별시청 로비_ 중앙 출입문으로 진입하여 엘리베이터로 이어지는 동선을 점자블록을 통해 안내하고 있다.

미국 뉴욕시 바나나 리퍼블릭Banana Republic_ 내부와 외부의 단차가 있는 위치에 완만한 경사로를 제공함으로써 휠체어 사용자뿐만 아니라 어린이와 노약자들도 매장 내부로의 진입이 쉽도록 했다.

미국 뉴욕시 도심_ 도로와 인도가 만나는 횡단보도의 단차를 경사로로 만들어서 자전거나 유모차, 휠체어 이용자들의 이동에 불편이 없도록 지원하고 있다. 또한, 기존의 보도와 더불어 차도의 일부를 보행자 통로와 자전거 도로로 전환하여 시민들의 도보나 자전거로 쉽게 이동할 수 있도록 지원하고 있다.

미국 보스턴시 도심_ 외부와 내부 공간의 바닥 높이 차이를 완만한 경사로로 편하게 이동할 수 있도록 하였고, 어린이와 휠체어 사용자를 위한 낮은 높이의 안전바와, 노약자와 일반인들을 위한 높은 위치의 안전바를 양쪽에 설치하여 모든 사람의 접근을 용이하게 지원하고 있다.

일본 하마마츠시 저상버스_ 휠체어 이용자 혼자서도 자유롭게 버스에서 내릴 수 있다. ⓒ 최령

***저상버스**

저상버스는 바닥이 낮고 출입구에 계단이 없는 버스이다. 기존 버스의 계단을 오르내리기 힘든 교통약자들, 특히 장애인의 이동권을 보장하기 위해 몇몇 국가에서 도입하고 있다. 유럽 대부분의 국가에서는 시내뿐만 아니라 외곽 지역을 운행하는 버스의 대부분이 저상버스이고, 대량수송을 위해 굴절 저상버스를 운행하기도 한다.

3. 잘 다루기 사용성

우리는 아침에 눈을 떠서 잠이 드는 순간까지 다양한 환경과 제품에 노출되어 있으며, 우리 주변의 환경과 제품들을 어떤 식으로든 다루어야만 한다. 이동을 위해서 자동차를 운전하거나 엘리베이터를 작동시키거나 식사를 하기 위해서 식탁에 앉거나 숟가락을 들어서 음식을 뜨는 행위 등 이러한 모든 행태들이 환경이나 도구를 다루는 행위라고 할 수 있다. 그러나 우리는 그것들을 쉽게 다루기 어려운 경우를 자주 접하게 된다. 키가 작은 어린이가 가정의 세면대에서 세안을 하거나 손을 씻기 위해서는 발뒤꿈치를 들어야 하거나 선반을 딛고 올라가야 하는 것을 쉽게 볼 수 있다. 이러한 수단을 사용하였다 하더라도 세안을 마친 아이들의 옷은 다시 입기 어려울 정도로 젖어 있는 경우가 많다.

휠체어 이용자가 주방에서 간단한 요리를 하고자 해도 휠체어의 바퀴가 들어갈 공간이 마련되지 않아 어려움을 겪는다. 일반 가정은 물론이고 공중전화나 자동판매기 같은 공공장소에서도 수화기나 동전투입구의 위치가 너무 높아서 휠체어 이용자들의 불편을 초래하곤 한다. 이는 건강한 성인의 신체적 특징만을 고려한 환경들이 그 외의 사용자들에게 불편함을 주는, 즉 공평하게 사용되지 못하는 예라고 할 수 있다.

위에서 예로 든 바와 같이 사용하는 주체와 목적에 따라 발생하는 행위들이 매우 다양하기 때문에 유니버설디자인은 유독 사용성에 대한 원리를 다양하게 제시하고 있다. 누구든지 공평하게 사용할 수 있어야 하며, 사용이 유연해야 하고, 사용법이 복잡하지 않아야 하며, 신체적인 무리가 있어서는 안 된다.

이러한 원리를 실행하기 위해서는 모든 사용자에게 같은 조작방법을 제공하고, 특별한 대우를 받는 사용자가 있어서는 안 되며, 모든 사용자가 흥미를 가질 수 있도록 해야 한다. 오른손잡이, 왼손잡이에 대한 배려가 있어야 하며, 사용자의 속도에 맞출 수 있어야 한다. 사용법이 불필요하게 복잡하지 않아야 하며, 직감적으로 사용법을 예상할 수 있고, 사용자의 이해력이나 언어능력의 차이가 문제되지 않아야 하고, 사용 중 및 사용 후에 조작방법의 지시나 결과의 보고가 효과적으로 진행되어야 한다. 다양한 체격과 신체능력을 가진 사람들이 각각 자신에게 맞는 자연스러운 자세로 사용할 수 있어야 하고, 신체에 무리한 부담이 가지 않도록 사용하는 가운데 의미 없이 반복되는 동작이 가능한 없어야 한다.

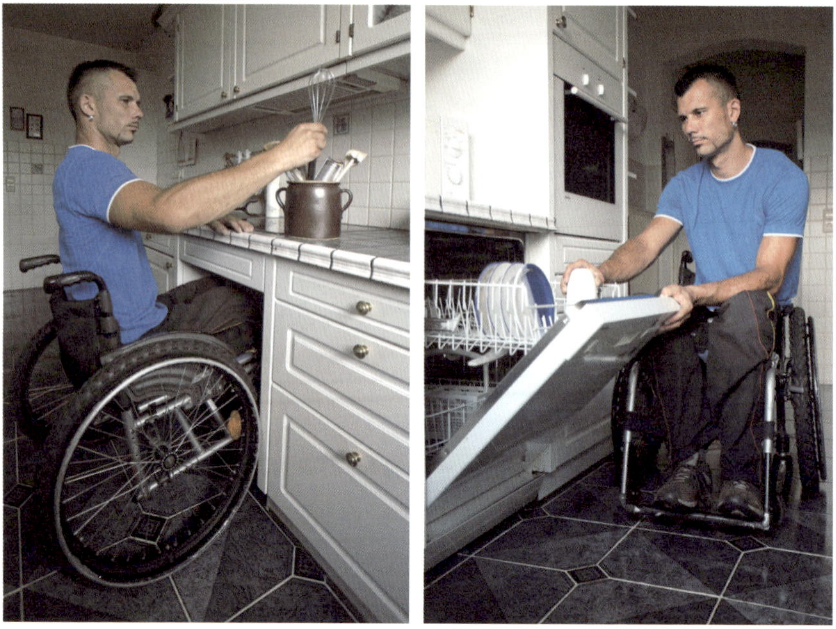

유니버설디자인의 주방_ 작업대 하부의 넓은 공간과 낮은 위치의 서랍은 휠체어 사용자가 혼자서도 편하게 원하는 작업을 할 수 있도록 지원한다.

서울 성북구청 민원실의 구청 민원실의 데스크는 휠체어 이용자도 접근이 가능하도록 데스크 하부에 넓은 공간을 확보하고 있다.

일본 하마마츠시 공연장_ 휠체어 사용자가 편리하게 공연을 관람할 수 있는 휠체어 석을 배치하였다. ⓒ 최령

서울 메트로 전동차 내 휠체어 석_ 전동차 내부에 휠체어 및 유모차가 대기할 수 있는 공간을 확보하여 일반 승객과 휠체어 이용 승객 모두의 편의를 고려하였다.

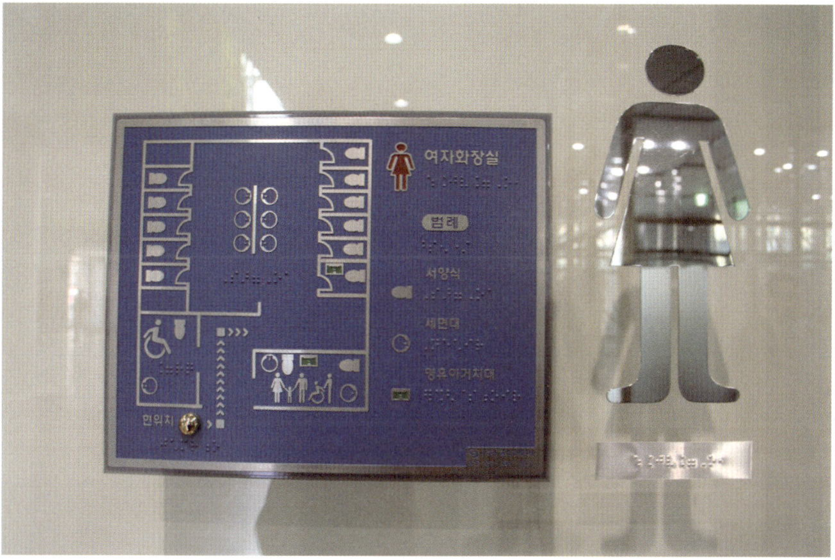

서울 성북구청 가족도우미 화장실_ 휠체어 이용자가 혼자서도 화장실을 사용할 수 있도록 자동문을 설치하였으며, 안전바 사용 공간과 도우미가 함께 들어갈 수 있는 공간을 확보하여 몸이 불편한 사람도 화장실 사용에 불편함이 없도록 하였고, 남녀 구분을 하여 사용자의 프라이버시를 지켰다.

레버형 문 손잡이_ 쉽게 문을 열고 닫을 수 있는 레버형 문 손잡이다.

서울 메트로 내 손잡이_ 승객의 신체 조건에 맞추어 필요한 손잡이를 이용할 수 있도록 다양한 길이의 손잡이를 설치하였으며, 삼각형 모양으로 설계하여 오랜 시간 손잡이를 잡고 있어도 손에 무리가 가지 않도록 배려하였다.

변기 앞에 설치된 우드선반과 거울은 화장실 이용자가 양손을 자유롭게 사용할 수 있도록 도와준다.

휠체어 및 유모차 개찰구_ 일반인들의 게이트보다 더 넓은 공간을 확보하여 휠체어와 유모차가 어려움 없이 통과할 수 있도록 하였다.

서울특별시청은 2가지 높이의 음수대를 설치하여 성인이나 어린이, 혹은 휠체어 이용자도 본인의 신체 조건에 맞추어 편리하게 사용할 수 있도록 하였다.

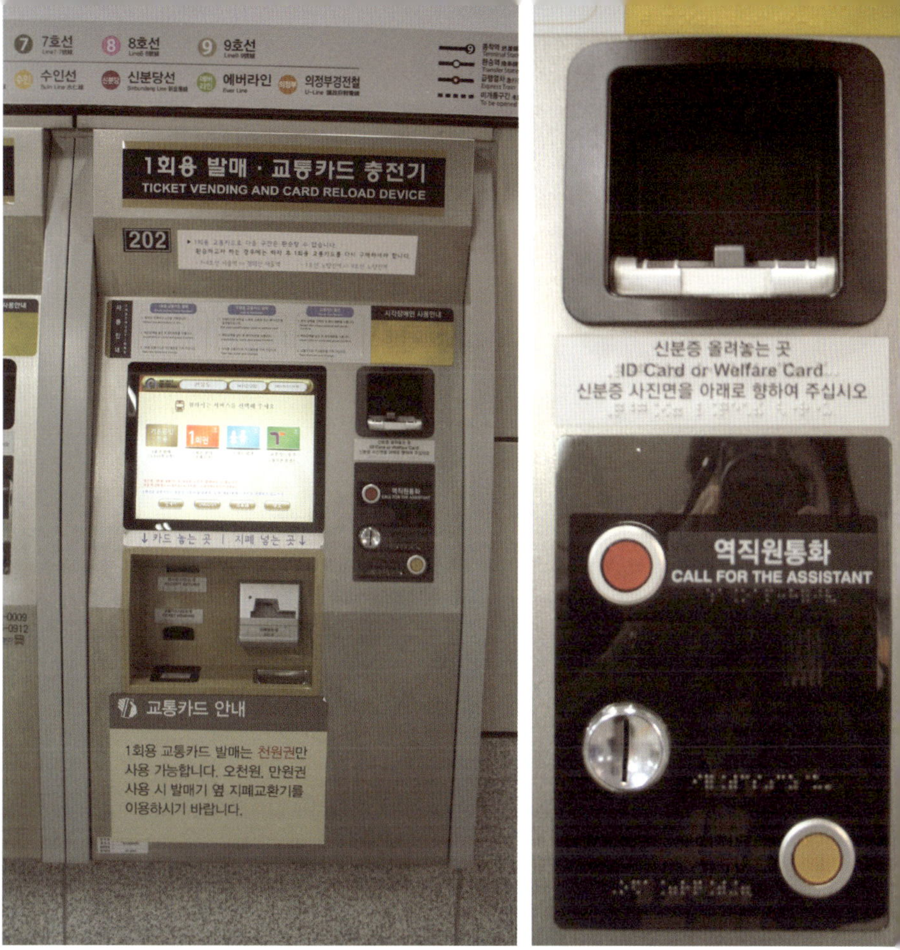

서울 메트로 승차권 발매기_ 누구라도 알아볼 수 있는 그래픽으로 설명하고 있으며 키가 작은 사람이나 휠체어 사용자도 쉽게 사용할 수 있도록 낮은 위치에 카드 및 주화 입구가 설치되어 있다. 시청각장애인을 위한 점자 및 음성안내를 이용할 수 있으며 도움이 필요한 상황에서 역 직원과 직접 통화할 수 있는 버튼이 설치되어 있다.

4. 실수를 줄이고 쉽게 복원하기 안정성

기름과 비누를 많이 사용하는 주방 공간이나 물을 많이 사용하는 물놀이 시설 등에서는 바닥의 미끄러움으로 인해 인명사고가 일어나기 쉽다. 가정에서 가스 밸브를 잠그지 않아 화재로 이어지는 경우도 많이 볼 수 있다. 이는 사용자의 부주의나 실수를 방지하지 못해 사고가 벌어진 경우라고 할 수 있다. 유니버설 디자인의 안전성은 사용자가 쉽게 행할 수 있는 실수를 줄여 주고 실수로 인해 발생하는 사고의 위험을 최소화하는 것이다. 미끄러운 바닥에는 표면이 거친 바닥재를 사용하고 미끄럼에 대한 가시적인 경고 표시를 사용하여 사고를 예방하고 일정 시간 가스를 사용하지 않을 경우 자동으로 잠기는 밸브를 사용함으로써 일어날 수 있는 화재를 예방하는 것이다.

사용자의 실수를 줄이기 위해서는 사용자를 위한 요소의 배치가 사용자의 실수로 인해 사고로 연결되지 않도록 고려해야 하며, 사용상의 중대한 오작동으로 연결되는 요소는 사용상 손이 가지 않도록 분리해야 한다. 또한, 사고에 대비한 경고 시스템을 마련하고, 중요한 경고는 음성과 빛, 진동 등 2가지 이상의 전달방법으로 알리는 것이 필요하다. 혹시라도 조작에 실패하여도 간단하게 원상태로 복구할 수 있어야 하며, 발생된 문제를 신속히 해결할 수 있도록 해야 한다.

수영장 목재 바닥_ 수영장 주변의 바닥은 울퉁불퉁한 재료를 사용하여 미끄러짐을 방지한다.

어린 아이들이 활동하는 공간은 밖에서도 관찰할 수 있게 하여 공간 내에서 발생하는 상황에 대처하도록 배려한다.

알람 주전자_ 물이 끓기 시작하면 시끄러운 소리로 알려 주어 주전자가 타거나 화재로 이어지는 사고를 예방한다.

둥근 모서리_ 각진 모서리를 모따기chamfering 하여 바삐 움직이는 현대인들이 모서리 부분을 회전하다가 생길 수 있는 사고를 줄이도록 배려한다.

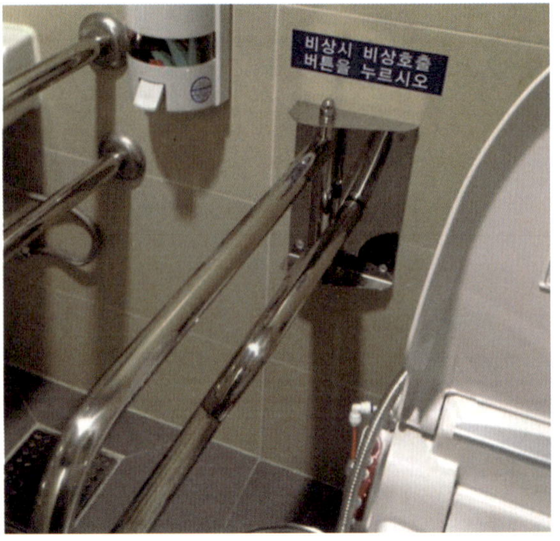

연세대학교 도서관 화장실_ 화장실 사용 중에 문제가 발생했을 때 도움을 청할 수 있도록 배려하였다.

아파트 단지 내 횡단보도_ 횡단보도가 설치된 부분의 도로에는 아스팔트가 아닌 석재를 설치하여 제한속도블록을 사용하지 않고도 자연스럽게 속도를 줄이도록 유도하여 과속으로 인한 사고를 줄일 수 있도록 배려한다.

서울 메트로_ 전동차가 들어오고 나가는 동안 승객이 선로 위로 뛰어들거나, 화재, 소음 등으로부터 승객을 보호하는 넓은 스크린 도어에는 시나 짧은 글귀를 새겨 대기하는 승객에게 정신적 이완을 제공한다.

영국 런던 메트로_ 내리는 사람과 타는 사람의 동선을 명확하게 표시하여 승하차 시 승객의 혼잡을 줄인다.

DIGITAL DESIGN

디지털디자인

1. 미디어로 옷 입히기

2. 삶을 스마트하게 지원하기

3. 디지털로 소통하기

6

디지털기술의 발전은 우리를 둘러싼 환경과 삶에 많은 영향을 주고 있다. 인터넷과 휴대폰은 우리의 삶에 일부가 되었고 SNS_{social network service}와 같은 사이버 공간에서의 소통을 통해서 사회적 관계를 형성하게 되었다. 그리고 이 디지털 패러다임의 전환은 사회 전반에 근본적인 변화를 가져오고 있으며, 디자인 분야에서도 다양한 변화들과 시도들이 등장하고 있다.

오늘날 디지털기술은 공간을 새로운 개념으로 확장시키고 변화시킨다. 이러한 변화들은 도시, 건축, 주거뿐만 아니라 제품까지 새로운 형태로 디자인되고, 인간의 행위에도 영향을 주는 다양한 모습으로 변화하고 있다. 디지털기술을 통해 공간디자인은 새로운 가능성을 가지고 이러한 가능성은 앞으로 급변하는 디지털 환경 내에서 새로운 지평을 열게 될 것이다.

"New Horizon!"

디지털기술은 사회, 과학, 문화, 예술 등 거의 모든 분야에 이르기까지 발전을 촉진하며 경계를 허물고 있다. 예술 분야에서도 디지털기술을 접목시켜 새로운 세계를 경험하는 공간을 유도함으로써 관객과의 소통이 가능하게 되었다. 그리고 건축의 경우, 디지털기술의 접목은 물리적인 공간을 넘어 사용자의 행위에 따라 공간이 반응하면서 공간이 끊임없이 바뀌게 되는 진화된 공간의 모습으로 시도되고 있다. 특히, 녹스Nox의 '물의 전시관H2O Expo'은 물의 움직임과 방문객의 움직임, 그리고 외부 환경의 움직임을 센서를 통해서 공간이 스스로 변하도록 디자인되었다. 공간이 인간에게 단순한 감각적 경험만을 주는 것이 아니라 새로운 경험을 하고 서로 상호작용할 수 있는 환경을 만들어 주는 것이다.

디지털 시대의 사이버 공간은 인터랙티비티interactivity라는 개념이 접목된 가상현실virtual reality의 공간이다. 세계 유명 미술관을 직접 찾아가지

DIGITAL DESIGN

않아도 온라인상에서 미술관을 직접 둘러보고, 작품에 대한 상세정보까지 볼 수 있게 되었다. 이러한 가상의 공간은 모델하우스에도 접목시켜 사람들이 아파트 홈페이지를 통해 가상의 공간을 체험할 수 있다. 그러나 최근에는 이보다 더 나아가 증강현실augmented reality과 더불어 복합현실Mixed Reality까지 이제 가상의 공간과 실존의 공간이 혼재된 공간이 실제로 존재하고 여러 분야에서 활용되고 있다. 증강현실은 실제 공간에 3차원의 가상의 이미지를 겹쳐서 하나의 영상으로 보여지는데, 예를 들면 카메라를 비추면 건물의 위치와 방향을 안내하고 제품이나 예술작품이 가상의 이미지로 설명된다. 앞으로 이러한 디지털기술은 다양한 분야에 활용이 될 것이다.

디지털기술이 발달할수록 공간은 현실과 가상이 혼재된 공간으로 서로 구분하기 어려운 형태로 변화되고, 특히, 빛, 소리, 신체의 움직임 등이 디지털기술과 결합하여 예측불가능한 공간을 만들어 낸다. 이는 공간이 스스로 진화하는 생명체와 같은 공간으로 인간의 감성과 행위를 담는 소통의 공간이 될 것이며, 이러한 공간은 끊임없이 성장하고 발전하여 새로운 형태의 공간이 될 것이다.

그렇다면 디지털기술을 이용한 공간의 모습은 어떻게 디자인되고 있을까? 기존의 건물은 고정적인 형태였지만, 미디어 기술을 이용하여 공간의 형태가 변화되고 있으며, 건물이 메시지를 전달하고 다양한 예술작품의 형태로 변화하고 있다. 그리고 공간 안에 편리하고 기능적인 디지털기술들이 들어와 삶을 윤택하게 만들어 준다. 건물이 사람의 생활을 감지하고 쾌적한 공간을 만들어 주며, 가정 내 기기 또한 네트워크화 되어 내외부에서 총체적으로 관리가 가능한 형태로

***가상현실**
어떤 특정한 환경이나 상황을 컴퓨터로 만들어서, 그것을 사용하는 사람이 마치 실제 주변 환경과 상호작용을 하고 있는 것처럼 만들어 주는 것임

***증강현실**
실제 공간 안에 3차원의 가상물체를 겹쳐 보여 주는 기술

디자인되고 있다. 이러한 현상은 공간의 내부뿐만 아니라 도시 전체에까지 확산되고 있다. 또한, 디지털기술로 인해 인간과 공간이 함께 소통하며 공간 안에 새로운 경험을 만들어 주고 있다. 따라서 다양한 디지털디자인을 3가지 주제로 구분 지어 살펴보고자 한다.

첫째, '미디어로 옷 입히기', 둘째, '삶을 스마트하게 지원하기', 셋째, '디지털로 소통하기' 이다. 이러한 3가지 디지털디자인의 주요 내용과 개념, 그리고 사례들을 자세히 다루어 보고자 한다.

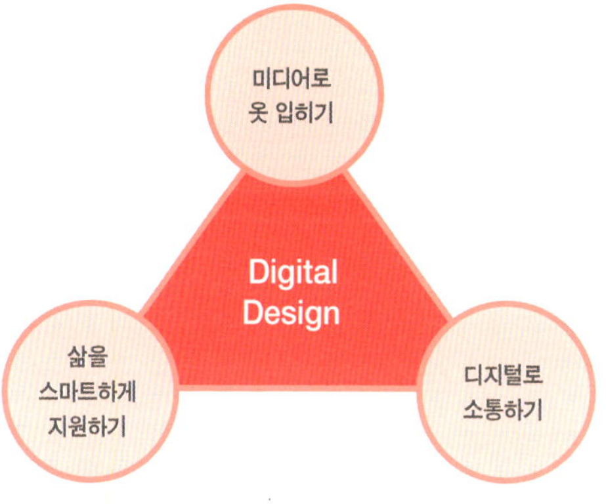

DIGITAL DESIGN

1. 미디어로 옷 입히기

오늘날 공간디자인에 있어 이질적인 재료의 사용 혹은 전자 재료의 도입 등을 통해 독특한 공간을 창조한다. 또한, 정보전자기술에 의한 이미지 재현능력의 발달로 하이테크적인 표현 경향이 강해지고 있는데, 예를 들면 멀티미디어의 복합 영상이미지나 정보기술을 적용한 전자외피와 같은 표현이 시도되고 있다.

디지털미디어의 적극적인 수용은 건물의 외피에 비물질화된 스킨에 가상정보를 연결시키는 새로운 차원의 변화를 가져왔다. 이제 고정적인 건축물의 표면은 변화가 가능한 시스템을 통해 내부와 외부를 연결하고 이 모호한 경계에서 서로 상호작용이 이루어질 수 있는 스킨skin의 개념으로 변화하고 있다.

따라서 디지털 디자인의 첫 번째 이슈는 고정된 건물이나 공간의 모습에 디지털 미디어를 이용한 '미디어로 옷 입히기'이다. 건물 전체를 하나의 대형 디스플레이로 활용하는 미디어 파사드media façade도 이 중 하나이다. 건축물 표면에 새로운 이미지와 정보를 보여 주는 미디어 파사드는 도시 공간의 건축물을 시각적 아름다움뿐 아니라 정보를 전달하는 매개물로 사용하는 디지털 사이니지digital signage의 한 형태이며, 조명, 영상, 정보기술을 결합한 공간디자인의 새로운 트렌드라고 할 수 있다.

국내에서는 서울 압구정 갤러리아 백화점이 밤이 되면 건축물 표면 전체가 빛을 내어 건물이 하나의 예술작품이 되는 것을 시작으로, 서울역의 서울 스퀘어, 강남의 GS타워 등 다양하게 표현되고 있다. 2013년 8월에는 광화문과 주변 담장을 스크린화해 '광화문 빛 너울'이라는 제목으로 영상작품을 보여 주었다. 특히, 이 광화문 미디어 파사드는 문화유산에 미디어 기술을 접목시킨 예로 주목받았다. 하지만 이러한 미디어 기술의 무분별한 사용은 오히려 도시의 경관을 해치고 적합하지 않은 광고로 인해 앞으로는 표준화된 기준에 의한 적절한 사용이 요구된다.

미디어 월, 미디어 컨버스, 미디어 스킨 등으로 불리는 미디어 파사드는 건축과 미술품, 그리고 조명이 융복합된 표현물로 LED 조명기술의 발달과 더불어 전 세계의 고층 건물에 확대되어 도시 공간의 새로운 랜드마크로 인식되므로 국가의 경제적 가치의 효과까지 기대할 수 있다.

공간 속에서 보여 주는 형태와 그에 따른 시간의 경과를 통해 표현되는 공간과 사람들이 어떻게 예술적으로 호흡하고 표출하는가에 따른 새로운 문화의 소통의 장을 마련했다는 것이 디지털 디자인의 '미디어로 옷 입히기' 디자인 이슈가 가지는 소중한 가치이다.

건축물과 첨단기술, 그리고 영상과 빛이 더해져 하나의 예술이 되게 하는 '미디어로 옷 입히기'는 사람들에게 감성을 부여하고 그림이나 문자의 형태로 메시지를 전달하며, 단순히 색을 표현하는 것에서 그치지 않고 움직이는 영상으로도 자유로운 표현이 가능하여 사람들에게 보다 짧은 시간에 깊은 인상을 심어주어 마케팅으로도 이용이 가능하다는 점에서 앞으로의 발전이 더욱 기대된다.

***미디어 파사드**
LED 조명이나 미디어기술을 이용하여 건물 외벽에 표현하는 것을 말함

***디지털미디어**
아날로그 매체와 대조되는 디지털 코드를 기반으로 동작하는 전자매체를 말함

***디지털 사이니지**
디지털 정보 디스플레를 이용한 옥외광고

타임스퀘어, 뉴욕, 미국

Times Square

세계의 경제와 문화의 중심지인 뉴욕의 타임스퀘어는 동영상 소재의 LED 광고물로 광고 효과가 배가 되었다. 건축물의 시각적인 아름다움뿐만 아니라 다양한 정보를 제공하는 매개체로 건축과 예술의 새로운 트렌드로 지역의 랜드마크$_{landmark}$로서의 역할을 담당하는 효과적인 미디어로 주목받고 있다.

조명과 예술의 첨단과학기술을 융합하여 새로운 시각적인 볼거리와 광고 역시 시대의 흐름에 맞춰 현실과 가상의 세계를 결합한 증강현실을 이용한 인터랙티브한 놀이까지 제공한다.

뉴욕의 한 건물은 외관에 디지털 이미지를 이용해 정보를 전달하고 정적인 건물에 차별화를 주며 생동감을 부여한다.

포스코 ICT 판교 스마트 타워, 성남, 한국

영상과 빛이 더해져 하나의 예술이 되게 하는 미디어 파사드는 그림이나 문자의 형태로 메시지를 전달하기도 하고, 단순한 이미지 전달뿐만 아니라 움직이는 영상으로도 자유로운 표현이 가능하다. 이러한 특징을 가진 포스코 ICT 판교 스마트 타워는 26만 개의 LED 조명을 벽면에 설치, 가로 70m, 세로 33m 크기로 운영되고 있다. 이 시스템은 영상 분할처리기술을 적용해 고해상도와 저해상도 영역을 개별로 운영하거나 연동 운영이 가능한 것이 특징이다. 또한, 고해상도의 화면의 경우 HD급 고화질 영상 표출이 가능해 최신 뮤직비디오에서부터 계절별 상징적인 콘텐츠까지 다양하게 표현될 수 있다.

조명, 영상의 결합으로 독특한 외벽은 방문자들에게 신선한 감동과 조형적 아름다움을 제공한다. ⓒ 포스코 ICT

쿤스트하우스, 그라츠, 오스트리아

Kunsthaus

현대미술관인 쿤스트하우스는 오스트리아에서 두 번째로 큰 도시인 그라츠Graz가 2003년 유럽의 문화도시로 선정된 것을 기념하는 의미에서 지어진 건축물이다. 지역주민들에 의해 '친절한 외계인'이라고 불리는 쿤스트하우스는 영국의 건축가 피터 쿡Peter Cook과 콜린 푸르니에Colin Fournier가 설계한 건물로 전통적 중세 건물들 사이에 위치해 '과거와 미래의 조화'로 평가받고 있다.

쿤스트하우스는 무어강을 기준으로 동쪽과 서쪽으로 갈라진 중산층과 서민층 주거 지역 중간에서 소통의 역할을 하며 경제적 가치를 높일 수 있는 문화적인 통로가 되고 있다. 이 건물은 4층 규모의 독특한 형태로 밤이 되면 표면에 나타나는 이미지와 영화 덕분에 다양한 볼거리와 풍부한 이야기로 사람들에게 즐거움을 주고 있다.

고풍스러운 건물들 사이에 위치한 쿤스트 하우스는 하얀 사각 건축물 형태인 일반적인 미술관과는 달리 전체적으로 푸르스름한 색을 띠고 독특한 형태를 나타내고 있다.

유선형 형태의 둥그런 지붕 위로 튀어 나온 15개의 노즐 채광창은 낮에는 햇빛이 비치면서 실내 작품의 조명이 되고, 실내 공간 내부에서는 도시의 경관을 볼 수 있도록 디자인되었다.

건물의 아크릴 전면 외장$_{\text{bix media macade}}$에 설치된 약 930개의 형광등이 밤이면 컴퓨터 시스템에 따라 시시각각 다양한 모습으로 점멸하는데 살아 있는 생명체 같은 착각이 든다.

2. 삶을 스마트하게 지원하기

디지털기술의 발달은 우리의 삶의 공간을 더욱더 편리하고 윤택하게 해 주며, 주택의 기능을 변화시키고 새로운 주거문화를 형성한다. 좁은 곳에서 많은 것을 할 수 있고 하나의 공간에 다양한 형태를 수용할 수 있다. 또한, 사물의 속성이 변화하면서 제품의 영역이 모호해지며, 제품의 기능과 영역이 확대된다. 예를 들면 휴대폰의 경우 초기에는 통화만을 위한 제품이었지만, 요즘의 스마트폰은 사진을 찍고 인터넷에 접속해 바로 전송할 수 있는 다양한 기능들이 융합convergence되어 나타나고 있다. 이러한 디지털기술의 발달은 어디서든 인터넷 접속이 가능해지면서 원하는 곳에서 원하는 일을 할 수 있고, 멀티태스킹이 가능하게 되었다.

앞으로 미래의 주택은 어떻게 변할 것인지 대해 많은 연구들이 이뤄지고 있는데, 미국의 경우 마이크로소프트MS에서 1995년부터 스마트홈 구현을 위한 '홈Home' 프로젝트를 시작으로 조지아 테크Georgia Tech의 '어웨어홈Aware Home'과 MIT에서 'House_n'에서 실험용으로 거주가 가능한 주택들을 개발해 왔다. 그리고 유럽의 경우 인간과 환경, 기술의 균형을 고려한 INTEGER프로젝트, 스웨덴에서는 '스마트홈SMART House'에서 실제 거주하여 평가한 내용들을 바탕으로 미래주택을 제시하고, 네덜란드의

'스마트홈smart Home'과 벨기에의 '리빙 투모로우Living Tomorrow'에서는 미래의 주거 모습을 구체적으로 제시하고 있다.

1995년 MIT대학의 교수인 윌리암 미첼William Mitchell은 그의 저서 『비트의 도시*city of bits*』에서 사이버 공간 시스템에 의해 도시 공간 구조가 결정되는 새로운 도시 유형을 설명하고 있으며, 이것이 오늘날 급속히 진전되고 있는 정보통신 인프라를 바탕으로 첨단지능형 도시로 변화해 가고 있는 도시이다. 이러한 도시를 유비쿼터스ubiquitous 도시라 하며, 도시 발전과정을 통해 그 개념이 등장하게 되었다.

유비쿼터스 도시는 첨단 IT 인프라와 정보 서비스를 도시 공간에 융합하여 생활을 편리하게 하고 체계적인 도시관리로 시민의 안전과 복지 등 도시의 삶의 질을 높여 주는 정보화 도시이다. 이 스마트 시티는 다양한 기술이 융복합되고 응용되는 공간으로 IT 관련 기반 기술과 홈네트워킹 등의 연계기술은 미국, 일본, 유럽 등 선진국이 앞서고 있다. 이에 비해 와이브로, 광케이블 등과 같은 일부 분야에서는 한국이 앞서고 있다.

최근에는 U-시티u-city에서 한층 더 개선된 기술적인 측면뿐만 아니라 환경적인 부분까지 수용하는 유에코 시티u-eco city가 미래사회를 대표하는 키워드로 주목받고 있다. 자원과 에너지가 효율적으로 관리되며 유비쿼터스, IT, 환경기술을 포함한 첨단기술이 인간, 자연, 공간으로 연결되어 생태원리에 기초한 도시환경과 첨단기술로 융합된 지속가능한 미래도시이다.

국내의 경우 첨단기술의 빠른 발전과 기술의 융합화로 생태도시 조성기술도 IT, ET 등 타 분야의 기술 변화를 수용하여 융복합화할 것으로 전망하고 있으며, 이미 2008년부터 '유에코 시티 사업단'에서 프로젝트를 진행하고 있다.

***스마트홈**
유무선 통신과 디지털 정보기기를 기반으로 홈네트워킹과 인터넷 정보가전을 이용해 언제 어디서나 어떤 기기로도 컴퓨팅 이용이 가능한 지능화된 주택을 말함

***유비쿼터스 시티**
시민의 삶의 질과 도시의 경쟁력 향상을 위하여 도시 공간에 유비쿼터스기술을 구현함으로써 언제 어디서나 서비스를 제공하는 도시를 말함

***유에코 시티**
유에코 시티는 유비쿼터스기술과 생태계 순환기능 등의 생태기술이 인간과 자연, 공간으로 연결되어 혁신적인 도시환경과 무한한 도시가치를 창출하는 지속가능한 미래형 첨단 친환경 도시를 의미함

마이크로소프트 미래의 집, 미국

Microsoft 'Home of the Future'

마이크로소프트에서 앞으로 5-10년 뒤의 집안의 환경이 어떻게 변할지에 대해 미래의 집을 제시했다. 주방에서는 몸짓과 음성으로 상호 대화식의 요리 작업대를 선보이고, 약을 먹을 시간을 알려주고 약의 라벨까지 확인해 주는 알람기능, 아이의 방에 디지털 벽지를 붙여 필요에 따라 벽지들을 자유롭게 바꿀 수 있게 된다. 그리고 거울에 옷이 스캐닝 되면서 그 옷과 잘 맞는 옷을 선택해 준다. 앞으로 미래의 주택은 삶의 질을 높이고 편리한 기능들이 다양하게 접목되어 디자인된다.

사이버포트, 홍콩
Cyber Port

홍콩을 선도하는 IT 기업 및 관련 전문가들의 사업 지원을 위한 정보 기반 구축을 목적으로 현재 호텔, 학교, 비즈니스, 금융, 광고, 통신 등의 서비스를 지원하는 첨단 정보기술과 정보서비스, 멀티미디어 관련 기업을 유치해 디지털 클러스터를 조성하고 있다. 일반 도서관과 디지털 도서관의 결합, 모든 공공장소에서 인터넷에 접속할 수 있는 구축을 계획하고 있다.

크로스 로드, 코펜하겐, 덴마크
Cross Road

해외 U-시티 사례 중 덴마크의 코펜하겐 크로스 로드를 꼽을 수 있다. 2002년부터 시작되어 2007년까지 건설 완공되었으며, 개인과 기업 간의 네트워크를 통한 국제적 연구기관 도시를 구축하는 데 목적을 두고 있다. 시민들의 참여를 통해 사업방향을 제시하고 디지털미디어의 기술을 적용하기 위해 법, 제도 및 보안 측면을 고려하여 기술 및 서비스를 개발한다. 앞으로 문화, IT, 그리고 미디어기술을 개발하고 시민들이 원하는 주거환경을 수용하고 있다.

크로스 로드는 기존 도시의 일부 시설을 교체하는 것이 아니라 도시건설 이전에 유비쿼터스 환경을 구축하고, 그 위에 생태와 삶의 질을 높이는 데 초점을 두고 도시 방향을 제시하고 있다.

미디어 시티, 두바이

Media City

두바이에는 '인터넷 시티$_{internet\ city}$'와 '미디어 시티$_{media\ city}$'라는 대표적인 U-시티 사례가 있다. 세계적인 기업들을 유치하기 위한 용도로 마이크로소프트$_{MS}$, 오라클을 비롯한 7백여 개의 IT 업체가 들어서 있다. 인터넷망을 사용해 비디오, 컴퓨터, 전화 기능을 동시에 제공하는 Triple Play 서비스가 가능하도록 편의를 제공하고 있다.

날리지 빌리지Knowledge Village로 2003년 10월에 완공되었다. 영국, 호주 등 6개의 해외 대학 분교를 유치하고, 2천 5백명 학생 교육을 비롯하여 1백여 개의 교육 및 훈련기관이 입주되어 있다.

3. 디지털로 소통하기

디지털기술의 발전을 통해 인간과 공간의 상호작용, 서로 소통하는 공간을 추구하게 되었는데, 최근에는 '인터페이스interface' 에 쏠렸던 초점이 '경험experience' 으로 옮겨지면서 '커뮤니케이션' 분야의 요소들을 이해하는 것이 필요하게 되었다. 이렇게 사회가 변하면서 디지털기술에 의해 서로 상호작용으로 이루어지는 인간과 인간, 인간과 환경의 인터랙션 디자인interaction design에 관한 연구에 새로운 관심을 모으고 있다.

인터페이스가 인간과 사물 사이에 도구, 즉 사물thing이라는 좁은 의미라면, 인터랙션interaction은 인터페이스를 사용하면서 발생하는 행동과 관계를 통칭하는 좀 더 넓은 의미라 할 수 있다. 이러한 인터랙션 디자인에 대한 다양한 정의가 가능한데, 프로그디자인frog design의 존 켈코Jon Kelko는 인터랙션 디자인을 '인간과 제품, 서비스, 시스템 사이에 대화의 창출the creation of a dialogue between a person and a product, service, or system' 로 정의하고, 이 정의에서 대화는 인간의 행위behavior에서 일반적으로 발견된다고 주장한다.

즉, 인터랙션 디자인은 기존 연구에 의하면 구체적 대상 혹은 물리적 실체가 아니라 사물과 인간 사이의 관계, 대화, 행위 등을 디자인의 대상으로 삼고 있으며, 궁극적으로 사용자에게 새로운 상호작용을 통해 확장된 경험을 유발한다고 설명하고 있다.

디지털디자인의 세 번째 이슈인 '디지털로 소통하기'는 이러한 인터랙션 디자인의 형태로 인간과 공간이 상호 소통하는 공간을 만드는 방법이다. 이러한 '디지털로 소통하기' 디자인 이슈는 공간이 시간의 흐름에 따라 변화하고 성장하며 인간과 소통하며 새로운 행위와 경험들을 표현하고 있다.

구체적인 예로는 녹스Nox의 작품들이 있는데 녹스는 공간을 생명체로서 인식하고 인간과 상호 반응하는 진화된 행위를 가능하도록 하고 있다. 그들의 작품 선오하우스Son-O-House는 유기체가 꿈틀거리는 형태를 취하고 있는 투명한 외피구조 안에서 방문객의 움직임을 감지하고 이를 다시 음향으로 공간 안으로 다시 품는 장치를 통해 방문자와의 살아 있는 교감을 만들고 있다. 녹스의 D-타워D-Tower 역시 지역주민이 웹사이트를 통해 스스로의 감정을 선택하도록 하고, 이러한 결과가 건축물의 변화에 영향을 미치도록 설정함으로써 예측 불가능한 공간을 창출하였다. 이는 물리적 건축물이 지역주민의 감정을 담아냄으로써 도시의 특성이 외부적으로 표출하여 살아 있는 공간을 만들어 낸 것이라 할 수 있다.

벨기에의 덱시아 타워Dexia Tower 역시 시민들이 직접 터치스크린을 통해 건물의 조명의 색과 모양을 바꾸고 문자메시지가 건물벽에 표현되기도 한다.

'디지털로 소통하기'는 콘텐츠, 감성 등과 맞물려 접근해야 하며, 공간 안에서 개개인마다 소통의 방식이 다양할 수 있음을 이해하고 무엇보다도 사용자 중심으로 이해하고 문제를 풀어 나가야 한다. 앞으로는 물리적인 형태나, 전자화된 정보만으로 한정될 것이 아니라, 인간의 감성과 상호작용하고 풍부한 경험을 제공하면서 사람의 감성을 보다 기분 좋게 하는 디지털디자인을 지향해야 할 것이다.

***인터페이스**
2개의 다른 물질이 접하는 곳에서 발생하는 면을 가리키는 화학용어임

***사용자 인터페이스**
사용자와 제품 사이에서 발생하는 인터페이스를 지칭하며, 시스템이나 정보기기뿐만 아니라 일상생활의 도구를 사용하는 과정에서 일어나는 문제까지를 포함하는 개념

***인터랙션 디자인**
디지털기술을 이용해 사람과 작품 간의 상호작용을 조정하여 서로 소통할 수 있도록 하는 디자인 분야

인터랙티브 미디어아트 콘텐츠 삼성화재, 서울, 한국

기존에 제작된 명화를 디지털 영상으로 재해석한 미디어아트 콘텐츠인 삼성화재 빌딩에서는 월별 날씨를 반영한 작품을 전시한다. 이 작품들은 단순히 작품을 영상으로 보여 주는 것뿐만 아니라, 그림 속의 배경들이 흘러가고 인물이 살아 움직이는 등 생동감 있고 재미있는 영상을 보여 준다. 아울러 미디어월의 하부에는 기온, 기후 등 기상정보를 로비를 찾는 사람들에게 알려 준다. 따라서 명화라는 예술 장르와 기상정보 개념을 융합한 '라이브 페인팅 갤러리Live Painting Gallery'를 설치해 계절 테마에 따라 월별 작품을 선정하여 매달 새로운 명화를 선보이며, 로비의 인테리어적인 요소로 사용된다.

을지로 삼성화재 본관에 설치된 LED 미디어월은 지나가는 사람들에게 기상정보를 알려 주고 갤러리 공간을 연상하게 하였다.

덱시아 타워, 브뤼셀, 벨기에

Dexia Tower

벨기에 브뤼셀의 38층 건물인 덱시아 타워는 15만 개의 LED를 외벽에 설치해 시민들이 직접 터치스크린을 조작해 디자인과 조명의 모양이나 색을 기하학적 패턴으로 바꿀 수 있게 하였다. 기존의 건물 조명이 가지는 일방적인 형태가 아닌 시간에 따른 조명 변화를 카메라를 통해 촬영하여 메일로 전송이 가능하고 덱시아 타워 홈페이지에서도 확인할 수 있다. 시민들이 직접 참여하여 디지털 방식으로 소통이 이루어진다.

덱시아 타워는 시민들이 보낸 문자메시지가 건물 위에 뜨기도 하는데, 이는 건물이 관객과 상호작용을 하는 인터페이스가 되기도 한다.

2012 여수 엑스포, 한국

2012년 여수세계박람회 싱가포르관2012 Yeosu Expo Singapore Pavilion에서 선보인 3D 영상쇼는 '파라독 시티: 작은 도시, 큰 꿈'이라는 주제로 공간 설치물과 프로젝트 영상의 조화로 환상적인 전시를 보여 주고 있다. 삼성관에서는 지구의 아름다움을 되찾기 위해 빛, 바람, 물의 결정체를 찾아가는 소녀의 여정을 거대한 영상과 공연으로 어우러진 복합 퍼포먼스로 관람객들에게 새로운 경험들을 제공한다.

'역설이 만든 아름다움City of Contrast' 에서 빛과 소리로 이루어진 3차원 영상쇼를 통해 정원과 도심이 어우러진 환경과 다양한 문화와 라이프스타일이 공존하는 싱가포르의 대조적인 면들이 그려지고 있다.

2012년 여수 엑스포 삼성관에서는 대형 멀티미디어 영상과 공연을 동시에 보여줌으로써 비디오 아트와 음악, 사람의 몸을 이용한 새로운 무대공연을 보여 준다.

참고문헌

| 국내문헌 |

강성중(2005). 공간에서 인터랙션 디자인개념 적용에 대한 연구, **한국실내디자인학회, 14**(3): 234-242

경노훈, 윤민희(1999). **디자인 문화와 생활**. 예경.

고성종, 고필종(1992). **도시와 환경디자인**. 미진사.

고영준(2011). **사용자 중심의 유니버설디자인 방법과 사례**. 이담.

곽데오도르(2001). **디자인과 문화**. 서우.

권영걸(2011). **공간디자인의 언어**. 도서출판 날마다.

권윤지, 강순주(2011). 감성디자인 선호유형에 따른 소형주택 계획의 요구도 분석. **한국실내디자인학회, 20**(6): 19-26.

권영재, 김정신(2009). 노르만 포스터의 건축 공간에 나타난 지속가능한 디자인 특성에 관한 연구. **한국실내디자인학회, 18**(4): 11-20.

권준철. **U-CITY는 IT로 만드는 살기 좋은 도시**. 유비쿼터스저널 2월호.

김나연, 홍동진, 김정현, 하미경, 이효창(2007). 주거단지 커뮤니티 시설에 대한 유니버설 디자인 적용성에 관한 연구. **한국실내디자인학회, 16**(6): 96-105.

김미실, 문정민(2011). 스마트 공간에서 감성디자인 특성에 관한 연구. **한국실내디자인학회, 20**(6): 27-35.

김미영, 문정민(2011). 감성체험을 위한 어포던스 특성 분석. **한국실내디자인학회, 20**(4): 92-100.

김미영, 문정민(2010). 도시 재생 관점에서 문화의 거리 공간특성 분석. **한국실내디자인학회논문집 19**(6): 161-168.

김미영, 문정민(2011). 커뮤니티 활성화를 위한 도시공공공간 특성 분석. **한국실내디자인학회, 20**(6): 291-299.

김인섭, 이성훈(2011). 근대건축물의 뮤지업 재생을 위한 디자인방법에 관한 연구. **한국실내디자인학회논문집, 20**(3): 215-224.

김자경(2005). 버네큘라 디자인에 기초 한 지역적 생태건축에 관한 연구. **한국실내디자인학회, 14**(2): 37-45.

김주미(2011). 공간디자인에 적용된 프랙탈 특성의 인지생태론적 효과: 랜드스케이프 패턴을 중심으로. **한국실내디자인학회, 20**(2): 120-130.

김홍기, 김세용, 주범(2011). 독일 산업·기술문화재 노르트스테른 폐광산 재생 사례 분석. **한국실내디자인학회논문집, 20**(5): 254-261.

김우창 외(2000). **21세기의 환경과 도시**. 믿음사.

닛케이 디자인(2007). **유니버설디자인 사례집**. 미진사.

대한건축학회(2007). **친환경건축물 인증제도의 개선방안연구**. 한국과학기술단체총연합회.

도널드 노먼 저, 이영수 외 역(2011). 감성디자인. 학지사.

디자인문화실험실(2001). **디자인문화비평 05: 디자인과 정체성**. 안그라픽스.

디자인서울(2012). 학교 컬러테라피와 만나다(vol. 06).

마크고베 저, 안장원 역(2008). **감성디자인 감성브랜딩 뉴트렌드**. 김앤북스.

민슬기, 이찬(2011). 문화적 현상으로의 대중문화와 공간디자인의 관계성 연구. **한국실내디자인학회논문집, 20**(4): 46-53.

박상현, 박찬일(2010). 재생디자인을 활용한 한옥의 재구축 디자인 방법에 관한 연구. **한국실내디자인학회논문집, 19**(1): 16-26.

박선미, 신홍경(2008). 현대 공공 공간 디자인의 특성에 관한 연구. **한국실내디자인학회, 10**(3): 106-110.

백승경, 김주연, 이승훈(2009). 도시화에 따른 공공공간의 지속가능한 디자인 유형에 관한 연구. **한국실내디자인학회, 18**(6): 158-165.

박지연(2003). 국제학술논문에 나타난 문화에 관한 연구의 최근 경향 분석. **한국실내디자인학회논문집, 38**(6): 21-29.

박종혜, 신경주(2012). 국내 미래주택관을 통해서 본 미래 주거기능 경향 연구. **실내디자인학회, 21**(2):3-13.

박준형(2008). 과거, 현재, 그리고 미래를 위한 한국형 장수명 공동주택 표준모델 개발. **대한국토도시계획학회**, 320: 88-102.

박찬일(2004). 박물관에 있어서의 유니버설 디자인 적용 현황과 과제에 대한 연구. **한국실내디자인학회, 13**(3): 17-25.

서수경(2007). **뮤지엄의 감성적 공간 특성에 관한 연구**. 국민대학교 박사학위논문.

서울시정개발연구원(2008). **컬처노믹스의 효과**. 서울시청.

송영민(2012). 지역정체성을 기반으로 한 공공환경 디자인의 방향 연구. **한국실내디자인학회논문집, 21**(5): 98-105.

송은아, 김문덕(2011). 헤르만 헤르츠버거의 건축에 나타난 사회적 지속가능한 디자인 관점에 관한 연구. **한국실내디자인학회, 20**(6): 69-78.

승효상(2004). **건축, 사유의 기호**. 돌베개.

신선영, 이규백(2010). 어린이 놀이학습공간 실내디자인의 감성적 특성. **한국실내디자인학회, 19**(5): 226-233

실내디자인학회(2009). **감성공간디자인**. 기문당.

안민선(2004). **현대공간디자인 프로그램 경향에 따른 공간디자인 연구**. 서울대학교 석사학위논문.

안소미(2012). **쇠퇴지역 옥외환경 특성과 노인건강의 상관성에 관한 연구**. 연세대학교 박사학위논문.

오상민, 정용섭, 한영호(2012). 관광환경 변화에 따른 테마형 문화공간 연구. **한국실내디자인학회논문집, 21**(6): 46-53.

오찬옥(2011). 지역문화시설의 공용공간 디자인에 대한 사용자 평가. **한국실내디자인학회, 20**(6): 53-61.

용은영, 이찬(2011). 공공공간의 컨텍스트 표현 특성 연구. **한국실내디자인학회, 20**(6): 91-96.

원승룡, 김종헌(2001). **문화 이론과 문화 읽기**. 서광사.

윤재영, 허용석, 허범팔(2010). 현대 건축공간에서 버네큘러 주거 냉방기법의 적용방법에 관한 연구. **한국실내디자인학회논문집, 19**(3): 22-29.

윤정미(2007). **현대 주거공간 디자인의 감성적 표현 요소에 관한 연구**. 건국대학교 석사학위논문

윤정미, 류호창(2007). 주거공간에 나타난 감성적 접근방법에 관한 연구. **한국실내디자인학회, 9**(1): 237-241

이경, 임수영(2003). **친환경 건축개론**. 기문당.

이연숙(2008). **21세기 환경 및 제품디자인 이론과 실제 유니버설디자인**. 연세대학교 출판부.

이연실(2011). 실내 공간에서 나타나는 유기적 표현특성의 작가별 비교 연구. **디지털디자인학회, 11**(1): 173-186.

이영주, 이정교(2009). 공간디자인에서 디지털미디어의 시지각적 연속성에 관한 연구. **한국기초조형학회, 10**(5): 359-370

이장욱(2009). **감성적 체험특성을 적용한 전시공간에 관한 연구**. 홍익대학교 석사학위논문.

이정화, 최상헌(2010). 유니버설 디자인 이론에 기반한 영유아 보육시설 공간환경 디자인지침에 관한 기초연구. **한국실내디자인학회, 12**(1): 115-119.

이완건(2009). 현대건축에 나타난 신한옥 계획의 특성에 관한 연구. **한국실내디자인학회논문집, 18**(3): 20-28.

이지영(2005). **공간 경험의 다차원성에 따른 인간의 감정 반응 유형과 공간 디자인 표현에 관한 연구**. 서울대학교 석사학위논문.

이한나(2008). 디지털공간디자인의 타자적 속성에 관한 연구. **한국공간디자인학회, 3**(1): 19-27

이효창, 하미경(2007). 공공도서관 실내 공용공간의 유니버설 디자인 적용성에 관한 연구. **한국실내디자인학회, 16**(5): 55-62.

이효창, 한정호, 하미경(2010). 지하공간의 문화적 활성화를 위한 실내 환경계획요소의 분석에 관한 연구. **한국실내디자인학회논문집, 19**(5): 234-242.

이효창, 하미경(2007). 지하도상가 주출입 공간의 유니버설 디자인 적용 현황에 관한 연구. **한국실내디자인학**

회, 9(3): 99-102.

임진이(2006). 대학교육 공간의 유니버설디자인 평가에 관한 연구. **한국실내디자인학회, 15**(6): 196-204

에드워드 렐프(2005). **장소와 장소상실**. 논형.

장인경, 김문덕, 송춘의(2005). 저드 파트너십의 쇼핑몰 공간에 나타난 디자인적 특성에 관한 연구. **한국실내디자인학회, 14**(6): 86-94

장회위(2009). **디지털 건축 조명에 있어서 미디어 파사드의 디자인 경향에 관한 연구**. 건국대 석사학위논문.

전경수(2000). **문화시대의 문화학**. 일지사.

전남일(2010). 한국 근현대 주택작품에서 나타나는 전통성 해석의 시대적 경향. **한국실내디자인학회논문집, 19**(1): 169-179.

전미화(2010). 국내외 공공시설물 사례분석을 통한 공공디자인 경향. **한국실내디자인학회, 12**(3): 217-220.

전미화, 이찬(2011). 공공공간의 장소정체성을 위한 디자인가이드라인 방안 연구. **한국실내디자인학회, 20**(4): 145-154.

정선희, 서지은(2011). 지속가능한 측면에서의 주거공간 신소재의 기준 및 특성. **한국실내디자인학회, 20**(1): 24-32.

정은주(2005). **디지털 사회의 감성 인터랙션 공간디자인 개념과 사례분석 연구**. 연세대학교 석사학위논문.

정은하(2010). **디지털 미디어를 적용한 감성 공간 표현에 관한 연구**. 국민대학교 석사학위논문.

정재원, 김문덕(2008). 디지털 감각을 통해 본 현대 공간디자인의 경향: 디지털미디어 아트의 분석을 중심으로. **한국디자인학회. 21**(3): 17-28

정태용(2011). 런던시청사의 지속가능적 특성에 관한 연구. **한국실내디자인학회, 20**(5): 3-12.

정태용(2011). 볼프스부르크 문화센터의 건축 특성과 의미에 관한 연구. **한국실내디자인학회논문집, 20**(2): 47-54.

조연, 문정민(2011). 문화예술 도시의 공간 콘텐츠 유형분석 및 비교에 관한 연구. **한국실내디자인학회논문집, 20**(1): 109-116.

조영연, 김종진(2010). '아키텍처 포 휴머니티' 의 공공재생건축에 나타난 지속가능 디자인 특성에 관한 연구. **한국실내디자인학회, 19**(5): 190-197.

조윤성, 윤재은(2011). 디자인 호텔에 나타나는 기호 소비적 표현 특성에 관한 연구. **한국실내디자인학회논문집, 20**(3): 80-88.

최병훈(2004). 유기적 모더니즘 가구디자인의 조형적 특성에 관한 연구. **한국실내디자인학회논문집, 13**(3): 153-161

최재천(2012). **10년 후 세상**. 청림출판.

타나카 나오토(2008). **유니버설환경디자인**. 유니버설디자인연구센터.

토목관련용어편찬위원회(1997). **토목용어사전**. 도서출판 탐구원.

하세강, 최상헌. 2005. 어린이 병원 실내디자인에 나타난 감성적 표현 경향에 관한 연구. **한국실내디자인학회, 7**(2):134-138

하스미 다카시(2005). **따뜻한 사회조성을 위한 유니버설디자인**. 세종출판사.

한인호(2009). **현대 상업공간 실내에 나타난 자연요소의 감성적 표현과 인지에 관한 연구**. 건국대학교 석사학위 논문.

황혜주(2008). **흙건축**. 씨아이알.

| 국외문헌 |

Abel, C. (2000). *Architecture and identity: responses to cultural and technological change*. Oxford; Boston: Architectural Press.

Albrecht, D. (2000). *Design culture now: National Design Triennial*. New York: Princeton Architectural Press.

Antoine Picon. (2010). Digital Culture in Architecture. Switzerland: Birkhauser Gmbh.

Baker, Susan. (2006). *Sustainable development*. London: Routledge.

Barnard, M. (1998). *Art, design, and visual culture: an introduction*. New York: St. Martin' s Press.

Bartsch, Charles, Collaton, & Elizabeth. (1997). *Brownfields: Cleaning and Reusing Contaminated Properties*. Westport, Conn.: Praeger.

Benyus, Janine M. (1997). *Biomimicry: Innovation inspired by nature*. Newyork: Quill.

Bradford, G., Gary, M., & Wallach G. (ed.)(2000). *The politics of culture: policy perspectives for individuals, institutions, and communities*. New York: New Press: Distributed by W. W. Norton.

Coon, J. Thompson, K. Boddy, K. Stein, R. Whear, J. Barton, Depledge, M. H. (2011). Does participating in physical activity in outdoor natural environments have a greater effect on physical and mental wellbeing than physical activity indoors? A systematic review. *Environmental Science & Technology, 45:* 1761-1772.

Evans & Graeme. (2001). *Cultural planning, an urban renaissance?*. London; New York: Routledge.

Frej, Anne B. (2005). (ed.). *Green Office Buildings: A Practical Guide to Development*. Washington, D.C.: The Urban Land Institute, 4-8.

Heilburn, J. (2001). *The economics of art and culture*. Cambridge; New York: Cambridge University Press.

Julier, G. (2000). *The culture of design*. London Thousand Oaks, Ca.: SAGE.

Moore, K. (ed.)(2000). *Culture, meaning, architecture: critical reflections on the work of Amos Rapoport*. Burlington USA: Ashgate.

Shiner, L. E. (2001). The invention of art: a cultural history. Chicago: University of Chicago Press.

Steiner, H. & Haas, K. (ed.)(1995). *Cross-cultural design: communicating in the global marketplace*. London: Thames and Hudson.

Katie Williams, Elizabeth Burton, & Mike Jenks. (2000). *Achieving Sustainable Urban Form*. E & FNSPON.

KOTRA. (2010). Green Report 2010 Autumn(9).

Little, Charles E. (1990). *Greenway for American-Baltimore*. MD: Johns Hopkins University Press.

Metro Vancouver. (2001). Best Practices Guide: Material Choices for Sustainable design.

Michael Fox and Miles Kemp. (2010). *INTERACTIVE ARCHITECTURE*. New York: Princeton Architetural Press.

Mikhail Il' in. (1936). *Men and Mountains: Man' s Victory over nature*. (Trans.). Beatric Kinhead. Philadelphia: J.Lippincott.

Roodman, D. M., Lenssen, N. (1995). A building revolution: how ecology and health concerns are transforming construction. *Worldwatch Institute Paper,* 124, Washington, D.C.: Worldwide Institute.

| 사이트 |

http://terms.naver.com

http://www.ecoroko.com

http://www.encyber.com

http://www.en.wikipedia.org

http://www.en.wikipidia .org/wiki/Green building

http://www.metrovancouver.org

http://www.sydneytownhall.com.au

http://www.ueco.or.kr

찾아보기

ㅅ

ㅇ

SPATIAL
DESIGN
ISSUE

저자소개

디·스테이션은 디자인 스테이션(design station)의 줄임말로, 디자인의 정거장을 지칭한다. 우리 디·스테이션 멤버는 디자이너와 디자인을 공부하는 학생들에게 디자인 프로세스에 착수할 수 있도록 정보를 제공하고 격려하면서 출발점을 제공하는 플랫폼 역할을 하고, 때로는 잠시 멈춰 서서 한숨 돌리며 주변의 디자인 세계를 돌아볼 수 있게 해 주는 정류장이 되고자 한다.

디·스테이션은 연세대학교 대학원에서 석·박사 학위를 취득하고 연구실 생활을 함께 하며 동고동락했던 멤버들로 결성되었다. 미국 디자인 스쿨과 디자인 회사에서의 학업 및 실무경험과, 국내 도시·건축 설계회사와 건설사, 디자인연구소, 대학에서의 학자이자 교수로 활동한 경험을 바탕으로, 건축 및 인테리어 디자인을 아우르는 공간디자인, 실내건축, 조명설계, 디자인 상품개발, 디자인 연구 등의 분야에서 활약하고 있다.

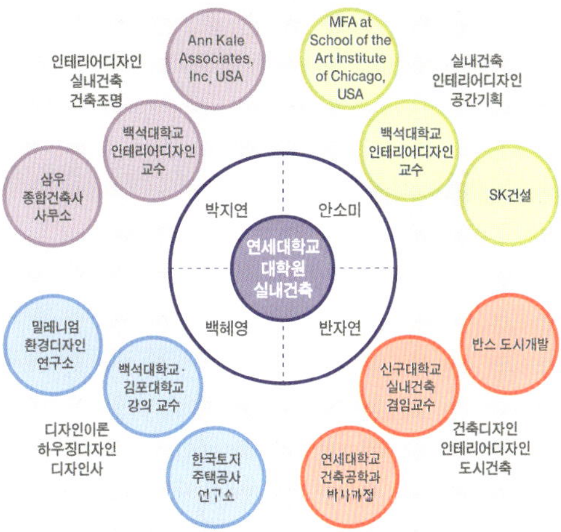

공 간 디 자 인 이 슈

SPATIAL DESIGN ISSUE

2013년 9월 10일 초판 인쇄 | 2013년 9월 13일 초판 발행

지은이 디·스테이션
펴낸이 류 제 동 | **펴낸곳** (주)교 문 사

전무이사 양계성 | **편집부장** 모은영 | **책임편집** 최미현 | **디자인** 박진우 | **제작** 김선형 | **홍보** 김미선
영업 이진석·정용섭·송기윤 | **출력** 삼신문화사 | **인쇄** 삼신인쇄 | **제본** 한진제본

주소 경기도 파주시 교하읍 문발리 출판문화정보산업단지 536-2 | **전화** 031-955-6111(代) | **팩스** 031-955-0955
등록 1960. 10. 28. 제406-2006-000035호 | **홈페이지** www.kyomunsa.co.kr | **E-mail** webmaster@kyomunsa.co.kr
ISBN 978-89-363-1366-1 (93590) | **값** 20,000원